BARF für Hunde

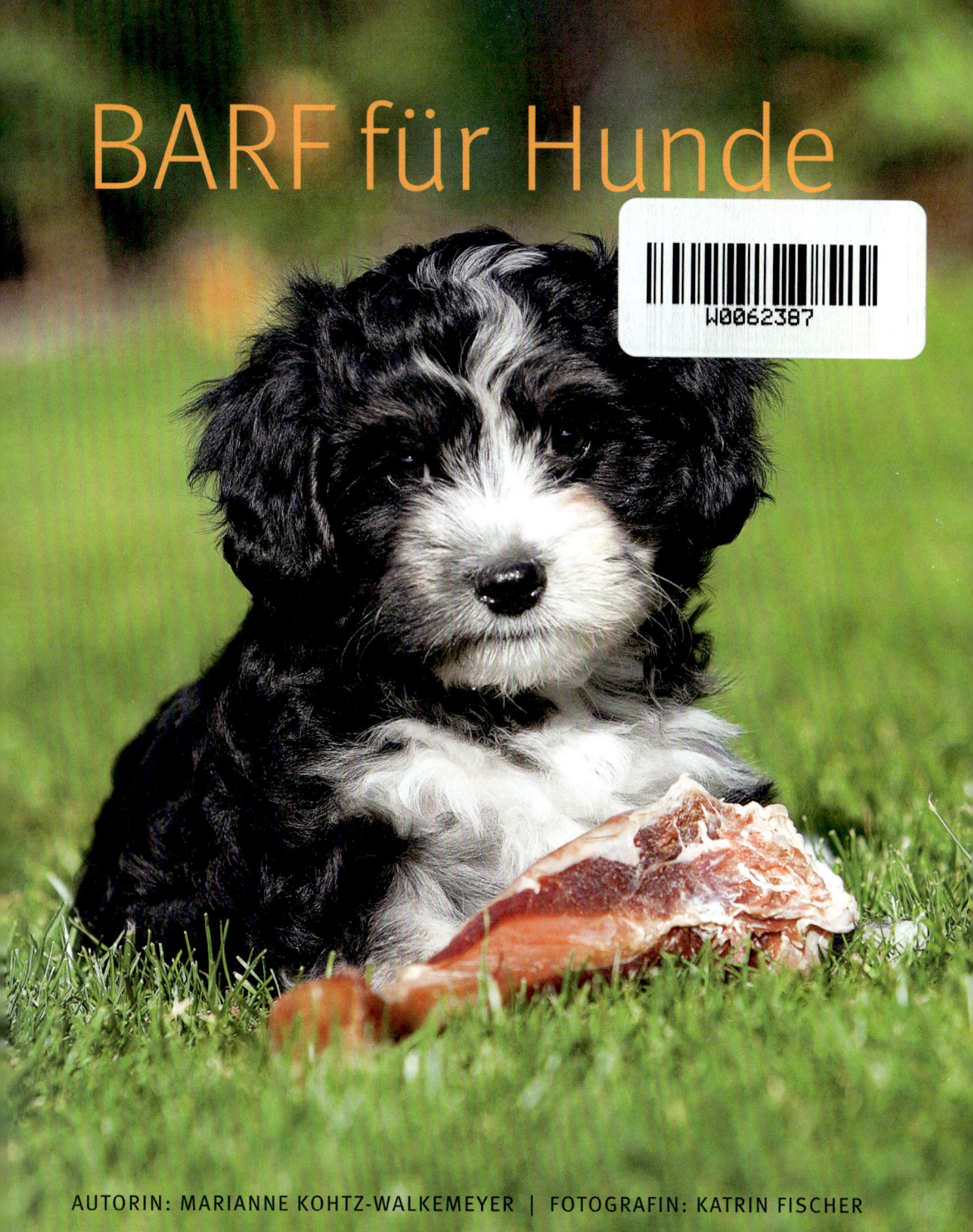

AUTORIN: MARIANNE KOHTZ-WALKEMEYER | FOTOGRAFIN: KATRIN FISCHER

Inhalt

34 Jetzt kommt die Praxis

Extras

B.A.R.F. – was ist das?

Es gibt viele Möglichkeiten, seinen Hund zu ernähren, Barfen ist eine davon. Bei dieser Form der Fütterung bekommt Ihr Vierbeiner nur frische Zutaten und Lebensmittel in rohem Zustand. Es wird nichts gekocht! Sie als Hundebesitzer entscheiden auf diese Weise selbst, was in den Magen Ihres Vierbeiners gelangt.

Zurück zu den Ursprüngen

Die Abkürzung B.A.R.F. steht für »Bones and Raw Food« (Knochen und rohe Nahrungsmittel) oder »Biologically Available Raw Food« (biologisch verfügbares rohes Futter). Im deutschen Sprachraum ist diese Ernährungsform als »Biologisch Artgerechtes Rohes Futter« bekannt. Die Idee für diese eigentlich ursprünglichste Form der Hundenahrung stammt von der Amerikanerin Debbie Tripp und dem australischen Tierarzt Dr. Ian Billinghurst, die nach einer Alternative zum weitverbreiteten Fertigfutter suchten. Zahlreiche Hundeliebhaber sind ihnen inzwischen auf diesem Weg gefolgt, und B.A.R.F. erobert immer mehr Futterschüsseln. B.A.R.F. hat für Sie als Hundebesitzer viele positive Aspekte: Sie kontrollieren Qualität und Zusammensetzung der Mahlzeiten für Ihren Vierbeiner. Das von Ihnen selbst hergestellte Futter ist vielfältig und abwechslungsreich, dabei frei von Farbstoffen, Konservierungsmitteln, Geschmacksverstärkern und vielen unnötigen Zusätzen. Schlagen Sie diesen Weg ein, so ist eines sicher: Ihr Hund dankt es Ihnen mit glänzendem Fell, gepflegten Zähnen und vermindertem Eigengeruch. Da der Hund weniger Ballaststoffe und keine Füllmittel, wie in Fertigfutter üblich, erhält, ist die Futterverwertung optimal. Damit verringert sich auch der Kotabsatz.

Mit der Aussage »Ich barfe meinen Hund« können Sie allerdings auch skeptische Blicke und warnend erhobene Zeigefinger ernten. Es ist durchaus möglich, dass Sie Ihren Tierarzt erst sach- und fachkundig von den Vorteilen dieser naturgemäßen Rohfütterungsmethode überzeugen müssen.

Lassen Sie sich nicht beirren: Ohne schlechtes Gewissen, mit gesundem Menschenverstand und einem guten Bauchgefühl können Sie täglich für die Gesundheit Ihres Hundes sorgen.

Vom Wolf zum Hund ...

Als der Wolf die Nähe des Menschen suchte, gingen beide noch auf Großwildjagd. Dann wurde der Mensch sesshaft und einige der Wölfe wurden zu »Hunden« – sie fanden eine neue Aufgabe als Jagdbegleiter des Mannes und Bewacher der Frauen und Kinder. Im Laufe der Zeit entstanden Ansiedlungen und Dörfer, der Mensch fing an, sich Haustiere wie Ziegen, Schafe und Rinder zu halten – diese mussten bewacht werden. Dazu eigneten sich die Hunde ganz hervorragend. Zu diesem Zeitpunkt bewegten sich die neuen Begleiter des Menschen frei und ernährten sich von dem, was sie erbeuteten, was sie an Aas fanden und was der Mensch hinterließ.

Zwar hat der Mensch im Laufe der Zeit durch gezielte Züchtung den Körperbau und das Aussehen der Hunde stark beeinflusst, der Verdauungstrakt jedoch ist unverändert der eines Fleisch fressenden Beutegreifers, eines Wolfes geblieben!

Der Speiseplan der Urahnen

Wölfe jagen im Rudel lebende Beute, um an frisches Fleisch zu kommen. Nach der Jagd fressen die Wölfe als Erstes den Darm mit dem vorverdauten Inhalt. So gelangen sie an Vitamine und Mineralstoffe, die aus frischen Beeren und Gras stammen. Als Nächstes lassen sie sich Organe wie Herz und Leber schmecken. Dann bedienen sie sich am Fleisch. Weiche Knochen werden gefressen, große Röhrenknochen werden abgenagt. Auf den übrig gebliebenen Fellstücken wälzen sich die Tiere. Wahrscheinlich spielt das Lustmotiv bei diesem Verhalten eine große Rolle.

Die Evolution seines Lebensraums und zahlreiche neue Nahrungsquellen, die der Mensch in seinem Umfeld schuf, sind aber auch am Wolf nicht spurlos vorübergegangen: Er hat seine Ernährung an diese Entwicklung angepasst. Wie der Wolfsforscher Günther Bloch so treffend formuliert, ist »aus dem Fleisch fressenden Beutegreifer ein Fleisch konsumierender Allesfresser geworden«.

Das Einheitsmenü der Hunde

Werfen wir nun einmal einen Blick in den Futternapf unserer heutigen Vierbeiner: Meist wird er täglich mit eintönigem Trockenfutter gefüllt. Das widerspricht dem Recht des Hundes auf art- und bedarfsgerechte, abwechslungsreiche Ernährung, das CANIS, das Zentrum für Kynologie, im Hinblick auf die wölfische Abstammung unserer Vierbeiner for-

Ein bisschen Wolf steckt in jedem Hund. Behalten Sie das auch bei der Ernährung in Erinnerung!

muliert hat. Hunde haben ein wesentlich größeres Ernährungsspektrum, dazu gehören unter anderem Aas, Essensreste, Knochen, Schlachtabfälle oder Exkremente. Ihr Bestreben sollte es sein, Ihrem Hund ein abwechslungsreiches Geschmackserlebnis zu ermöglichen und ihn mit Futter zu versorgen, das gut bekömmlich ist. Auf diese Weise ist Ihr Vierbeiner vitaler, ausgeglichener und auch aktiver, weil ihm das Fressen nicht stundenlang »schwer im Magen« liegt.

Aber keine Sorge – es macht durchaus Spaß, saisonal verfügbares Gemüse und Obst zusammenzustellen und verschiedene Fleischsorten anzubieten. Für noch mehr Abwechslung sorgen Sie, wenn Ihr Hund sich sein Futter gelegentlich selbst erarbeiten muss. Ein Knochen, am Ende des Spaziergangs versteckt, oder ein Stück Pansen, das der Hund auf einer Wiese zerlegen kann, sorgen für Beschäftigung und ersetzen jedes Spielzeug. Gelegentliches Füttern ohne Schüssel bedeutet: suchen, erbeuten, erlegen, verspeisen! Der Hund ist mit allen Sinnen dabei und hinterher ausgelastet und entspannt. Und: Er dankt Ihnen diese Möglichkeit gemeinsamer Beutezüge mit einer tieferen Bindung. Barfen ist somit nicht nur eine Fütterungsmethode, sondern eine Lebenseinstellung.

Vor- und Nachteile gibt es überall

Eine Kehrseite hat die Medaille: Gemüse und Obst wollen geputzt, die Knochen in Stücke gehackt sein. Will man den Teppichboden schonen, so sollte das Fleisch fein zerkleinert werden. Wer nicht gern Fleisch zerschneidet und wem der Anblick oder Geruch von Blut Probleme bereitet, dem fällt der Anfang schwer. Doch die leuchtenden Augen Ihres Vierbeiners werden Sie für die Mühe entschädigen! Gerade zu Beginn des Barfens benötigt man

Lebensfreude pur! Vielseitige Ernährung sorgt für glänzendes Fell, ein stabiles Immunsystem und ausgeglichene Hunde, die Freude am Leben haben.

viel Zeit, um Bezugsquellen für die Zutaten zu finden. Sind diese ausgespäht, wird die Zubereitung der Hundemahlzeit zur Routine. Um den Aufwand möglichst gering und die Einkaufsintervalle niedrig zu halten, können Sie die einzelnen Bestandteile wie Obst- und Gemüsebrei auch einfrieren, schließlich sind frische Zutaten nur für einen begrenzten Zeitraum haltbar. Der regelmäßige Gang in den Supermarkt, das Zoofachgeschäft oder zum Schlachthof gehört aber von nun an dazu.

Ob der Hund immer, überall und um jeden Preis gebarft werden muss, sollte jeder für sich selbst entscheiden. Bei Hunden mit einer Futtermittelunverträglichkeit bleibt oft nichts anderes übrig. Es gibt jedoch auch Hunde, die man nicht auf B.A.R.F. umstellen kann, meist vertragen sie sogar nur ein ganz bestimmtes Futter. Diese Tatsache sollten Sie akzeptieren und keine Experimente machen.

Die Verdauung des Hundes

Der Verdauungstrakt des Hundes beginnt in der Maulhöhle und bei den Zähnen. Sein Gebiss ist das eines Fleisch fressenden Beutegreifers und damit zum Fangen, Zerreißen und Zerkleinern geschaffen. Jeder hat die imposanten Fangzähne seines Hundes im Oberkiefer wahrscheinlich schon gesehen. Die Backenzähne oder Reißzähne haben scharfe Kanten. Mit ihnen kann der Hund problemlos große Fleischbrocken zerteilen und grob zerkauen sowie Knochen knacken.

»Mein Hund kaut nicht, er schlingt!« Diese Erkenntnis ist richtig, denn er hat keine Zähne zum Zermahlen des Fressens. Die Nahrung wird lediglich so aufbereitet, dass sie schnell in den Magen gelangen kann. Um diesen Prozess zu ermöglichen, produzieren verschiedene Drüsen Speichel. Auf diese

Weise werden die Nahrungsbrocken angefeuchtet und dadurch schlüpfrig gemacht, danach können sie problemlos abgeschluckt werden.

Speichel ist nicht gleich Speichel

Hundespeichel enthält kein Verdauungsenzym, wie das etwa beim Menschen und anderen »Pflanzenfressern« der Fall ist. Kauen wir länger auf etwas Brot, so schmeckt es süßlich. Enzyme in unserem Speichel spalten Zellulose und setzen Zucker frei. Beim Hund ist das anders! Die Verdauung beginnt im Magen. Je nach Nahrungskonsistenz ist der Speichel dünn- oder zähflüssiger.

Durch die Speiseröhre gleiten die zerkleinerten und eingespeichelten Nahrungsbrocken in den Magen. Dort werden sie mechanisch und chemisch durch die Magensäure weiterverarbeitet. Im Vergleich zum Menschen sind die Magensäfte sehr viel aggressiver und beinhalten einen zehnfach höheren Anteil an Salzsäure. Gelegentlich wird ein pH-Wert von 1 erreicht. Diese hohe Konzentration ermöglicht die Aufspaltung hochmolekularer Proteine, denn nur so können die Enzyme im Darm beginnen, sie aufzuschließen und zu resorbieren. Der Säuregehalt wirkt zudem antibakteriell und -viruell. Das bedeutet, dass fast jeder Parasit oder Mikroorganismus, der bis hierher gelangt, sofort unschädlich gemacht wird. Damit die Magenwand selbst nicht von der aggressiven Salzsäure angegriffen wird, enthalten die Magenwände einen puffernden Schleimfilm. Der Speisebrei wird im Magen ordentlich durchmischt und zum unteren Schließmuskel des Magens transportiert. Anschließend gelangt er in den Darm.

Schon Welpen kann man mit rohem Futter ernähren. Sind sie bereits daran gewöhnt, hat auch der zukünftige Besitzer keine Probleme damit.

Aufspaltung im Darm

Die eigentliche Verdauung erfolgt erst im Dünndarm. Hier wird dem Nahrungsbrei Gallenflüssigkeit zugesetzt. Diese wird von der Leber ständig produziert und bei Bedarf über die Gallenblase in den Dünndarm abgegeben. Auch Sekret aus Darmdrüsen und Bauchspeicheldrüsensaft – er neutralisiert den angesäuerten Speisebrei und liefert Verdauungsenzyme – werden hinzugefügt.

All diese Zusätze sorgen dafür, dass die Nahrung in Zucker, Eiweiße, Kohlenhydrate und Fette aufgespalten wird. Mineralstoffe sowie fett- und wasserlösliche Vitamine werden resorbiert. Die Darmwand nimmt die aufgespaltenen Stoffwechselprodukte auf und gibt sie ans Blut weiter.

Unverdauliche Futteranteile gelangen nun in den Dickdarm, wo mikrobiologische Prozesse ablaufen. Die Darmpassage ist langsamer, um diese Vorgänge zu ermöglichen. Dem nährstoffarmen Nahrungsbrei wird außerdem Wasser entzogen, er wird eingedickt, der Rest verlässt den Körper.

Warum sind Hunde Fleischfresser?

Der Hund hat einen kurzen Verdauungstrakt. Das macht Sinn! Tierische Eiweiße und Fette können rasch verstoffwechselt werden und stehen nach kurzer Zeit als Energie zur Verfügung. Bakterien, Viren und Endoparasiten haben auf diese Weise kaum eine Chance sich einzunisten. Nur so ist es möglich, sich von Aas und Abfall zu ernähren, ohne dabei zu Schaden zu kommen. Die Verdauungskapazität für komplex aufgebaute pflanzliche Stoffe ist dagegen gering. Dazu fehlen dem Hund passende Verdauungsenzyme. Alle in pflanzlicher Nahrung vorhandenen Nährstoffe kann der Hund nur aufnehmen, wenn sie vorbehandelt sind (→ Seite 20).

Stressorgan Darm

TIPPS VON DER B.A.R.F.-EXPERTIN
M. Kohtz-Walkemeyer

Haben Sie gewusst, dass der Darm auch beim Hund als Stressorgan fungiert? Bei Dauerstress wird die Darm-Blut-Schranke für Erreger und Giftstoffe durchlässiger, der Hund kann anfällig für Krankheiten werden.

KEINE LUST AUF LECKERCHEN Ein Hund, der sich normalerweise durch Leckerli motivieren lässt und im Training diese verweigert, hat negativen Stress. Die Absonderung von Verdauungssäften wird gedrosselt – kein Appetit – und gleichzeitig die Motorik des Darms erhöht, um Ballast abzuwerfen. Dem Dickdarm fehlt die Zeit, ausreichend Wasser zu resorbieren – Durchfall ist die Folge. In einem solchen Fall sollten Sie die Übungssituation überprüfen und ändern.

LIEBESKUMMER Positiven Stress hat ein verliebter Rüde, wenn läufige Hündinnen im Umkreis wohnen. Meist lässt der Appetit nach, trotzdem fühlt er sich wohl. Früh sollte man ihm erklären, dass die Mädels gut riechen, er aber nicht zum Zuge kommt. Er kann lernen, von einer Schnupperstelle zu lassen. So lebt es sich stressfreier – auch für Hündinnen und ihre Besitzer!

Der Verdauungstrakt des Hundes

Dünndarm

Im Dünndarm werden Zucker, Eiweiße, Fette und Kohlenhydrate aufgespalten sowie Mineralien resorbiert. Die Darmwand gibt sie zur Energiegewinnung ans Blut weiter. Im Vergleich zum Rumpf ist der Darm sehr kurz, das Verhältnis beträgt nur 1:5. Die Verdauung verläuft rasch, sie dauert maximal 24 Stunden – auf diese Weise haben Parasiten keine Zeit sich einzunisten.

Dickdarm

Im Dickdarm werden bisher nicht verdaute Nährstoffe verstoffwechselt. Dem nun nährstoffarmen Nahrungsbrei wird Wasser entzogen, der eingedickte Rest wird abgesetzt. Durchfall oder Verstopfung weisen auf Störungen im Verdauungsapparat hin.

Magen

Der Magen ist stark dehnbar und besteht aus nur einer Höhle. Die Magensäfte enthalten konzentrierte Salzsäure, die komplexe Eiweißstoffe aufspalten kann. Sogar Knochen können verdaut werden! Viren und Bakterien haben in diesem Milieu kaum eine Chance – das ist wichtig für Aas- und (fast) Allesfresser.

Kopf mit Zähnen

Eine starke Kopfmuskulatur und ein ausgeprägtes Scherengebiss mit imposanten Fangzähnen ermöglichen es dem Hund, seine Beute zu fangen, zu halten und zu zerreißen. Mit seinen scharfkantigen Backenzähnen ist er sogar in der Lage, Knochen zu zerbeißen, um an das nahrhafte Mark zu gelangen.

Hals

Große Beutestücke lassen sich nur mithilfe einer ausgeprägten Halsmuskulatur tragen. Durch die Speiseröhre rutschen die nur grob zerkleinerten Nahrungsbrocken in den Magen, nicht Verdauliches wird wieder erbrochen.

Was jeder Hund zur Ernährung braucht

Jedes Lebewesen benötigt Energie, um den Stoffwechsel aufrechtzuerhalten und alle Lebensfunktionen erfüllen zu können. Über die Nahrung wird der Körper dafür mit den notwendigen Nährstoffen versorgt. Wie viel Nahrung ein Hund braucht, ist von ganz unterschiedlichen Faktoren abhängig:

› Wer regelmäßig große Leistungen erbringen muss und viel »arbeitet«, benötigt mehr Energie als ein Hund, der viel Zeit auf dem Sofa verbringt.

› Eine säugende Hündin braucht deutlich mehr an Futter und Nährstoffen!

› Für einen jungen Hund im Zahnwechsel oder einen in die Jahre gekommenen Senior muss das Futter etwas anders zusammengesetzt sein als für erwachsene Tiere.

Ein vollwertiges Futter für den Hund sollte immer die nachfolgend aufgeführten Bestandteile in ausreichendem Maß und in einem ausgewogenen Verhältnis enthalten: Proteine, Fette, wenig Kohlenhydrate, denn all dies sind die Energielieferanten. Dazu kommen zusätzlich noch unterschiedliche Mineralstoffe, Vitamine, Ballaststoffe, Enzyme und zellgebundenes Wasser.

Proteingeber – Bausteine des Lebens

Proteine sind wichtig für die Bildung von Knochen, Muskeln, Haut, Fett, Blut und Gewebe. Proteine setzen sich aus Aminosäuren zusammen, die aus tierischer oder pflanzlicher Herkunft stammen können. Dies kann Fleisch, Gemüse, Obst oder Fisch sein, aber auch Eier und Milchprodukte zählen dazu, ebenso wie Getreide (→ Seite 13).

Essentielle – also lebensnotwendige – Aminosäuren können nur mit der Nahrung aufgenommen werden. Wenn sie nicht Bestandteil der Nahrung sind, kann der Organismus auf Dauer Schaden nehmen. Nichtessentielle Aminosäuren kann der Organismus selbst aufbauen, indem er stickstoffhaltige Vorstufen dafür verwendet.

Geflügel ist zum Einstieg ideal. Es bietet Fett und Fleisch, in den Knochen ist Kalzium enthalten.

Energieträger Fett

Fett ist der wichtigste Energielieferant. Es steht dem Hund sowohl als Depotfett in Form von gesättigten Fettsäuren als auch als Nährstoff für den Stoffwechsel – dann in Form von ungesättigten Fettsäuren – zur Verfügung.

Fette fungieren auch als Träger der fettlöslichen Vitamine A, D, E, und K. Die meisten Fette sind hoch verdaulich und gut verträglich, allerdings ist ihr Energiegehalt, auch »Brennwert« genannt, mindestens doppelt so hoch wie der von Proteinen.

Kohlenhydrate

Sie sind in fast allen Nahrungsmitteln enthalten und stellen dem Organismus vor allem kurzfristig benötigte Energie zur Verfügung. Der wichtigste Kohlenhydratbaustein des Körpers ist die Glukose. Dieser Vielfachzucker versorgt viele Zellen und das Gewebe mit Energie. Blutzellen und das Gehirn werden ausschließlich durch Glukose ernährt. Jede Körperzelle kann Glukose durch die Zellmembran aufnehmen oder wieder abgeben.

Mineralstoffe

Diese anorganischen Stoffe sind für den Hund ebenfalls lebensnotwendig. Sie müssen dem Tier von außen zugeführt werden, da sie nicht vom Körper selbst hergestellt werden können. Mineralstoffe dienen als Baustoffe für Knochen und Zähne und fungieren daneben als Reglerstoffe bei Stoffwechselvorgängen. Mineralstoffe sind Bestandteil aller Körperflüssigkeiten.

Inhaltsstoffe der verschiedenen Nahrungsmittel

STOFF	HERKUNFT	STOFF	HERKUNFT
PROTEINE	Tierischer Herkunft: Fleisch, Fisch, Innereien, Milch- und Sauermilchprodukte, Ei. Pflanzlicher Herkunft: Obst, Salate, Gemüse, Kräuter.	MINERALIEN	Tierischer Herkunft: Knorpelmasse, Knochen, Fleisch, Blut, Eierschale. Pflanzlicher Herkunft: Obst, Salate, Gemüse und Kräuter.
FETTE	Tierischer Herkunft: Fleisch mit Fettanhang, Gänseschmalz, geklärte Butter, Rindertalg, Lachsöl, Lebertran. Pflanzlicher Herkunft: kaltgepresste Öle.	KOHLEN-HYDRATE	Ausschließlich pflanzlicher Herkunft: Getreide, Reis, Mais, Amaranth, Hirse, Nudeln, Kartoffeln, Grünkern, Dinkel.
		BALLAST-STOFFE	Tierischer Herkunft: Knochen, Knorpel, Sehnen, Fell, Haut, Horn Pflanzl. Herkunft: Obst, Gemüse.
VITAMINE	Tierischer Herkunft: Fleisch, Fisch, grüner Pansen, frische Leber. Pflanzlicher Herkunft: Früchte, Salate, Gemüse, Kräuter, Luzernen, Grünmehl.	ENZYME	Tierischer Herkunft: rohes Fleisch, grünes Pansen, Darm, Leber, Sauermilchprodukte. Pflanzl. Herkunft: Obst, Gemüse.

Man unterteilt die Mineralstoffe in zwei Gruppen, abhängig von ihrem relativen Anteil an der Körpermasse. Mengenelemente, wie Kalzium, Phosphor, Magnesium, Kalium, Natrium und Chlorid, treten in relativ hoher Konzentration im Körper auf. Spurenelemente wie Eisen, Kupfer und Zink sind nur in kleinen, aber entscheidenden Mengen zu finden.

Auch Hunde-Gourmets lassen sich für Gemüsebrei begeistern, wenn Sie etwas Joghurt, Thunfisch oder gewolftes Fleisch untermischen.

Kalzium und Phosphor sind im Körper vor allem in den Knochen und Zähnen gebunden. Ein Teil kann bei Bedarf aus den Organen mobilisiert werden. Dies ist wichtig, denn der Kalziumspiegel im Blut sollte möglichst konstant sein. Hormone übernehmen diese Regulation. Kalzium spielt eine wichtige Rolle beim Knochenaufbau, der Nervenreizleitung und Blutgerinnung. Phosphor wird vor allem für den Fetttransport benötigt.

Magnesium Dieses Mengenelement wird für die Umwandlung von Eiweiß, Fett und Kohlenhydraten in Energie benötigt. Es verhindert Blutgerinnsel, unterstützt die Herzfunktion und hilft bei der Knochenbildung sowie beim Stressabbau.

Natrium, Chlor und Kalium Sie spielen bei der Flüssigkeitsregulierung und dem Säure-Basen-Gleichgewicht eine große Rolle. Außerdem sind diese Salze für die Reizleitung in Nerven- und Muskelsträngen notwendig.

Eisen Dieses Spurenelement ist ein essenzieller Bestandteil des Blutes, notwendig für den Sauerstofftransport und wichtig fürs Immunsystem.

Kupfer Dieses Element kommt nur in geringen Mengen vor und ist besonders wichtig für die Produktion von Bindegewebe und Blut, für die Bildung des Knochengerüstes und für die Pigmentierung der Haut und des Fells.

Zink Dieses Spurenelement ist Bestandteil verschiedener Enzyme und am Stoffwechsel von Kohlenhydraten, Fetten und Proteinen beteiligt. Mehr als 200 Enzyme werden durch diesen Stoff aktiviert, der auch für intakte Haut wichtig ist.

Jod Dieses Element wird für die Herstellung der Schilddrüsenhormone benötigt. Es steuert den Stoffwechsel und reguliert den Energiehaushalt.

Vitamine

Diese organischen Nährstoffe müssen in kleinen, aber ausreichenden Mengen vorhanden sein, da sie lebensnotwendig für den Organismus sind. Sie müssen dem Körper zugeführt werden, da dieser sie gar nicht oder nicht in ausreichender Menge selbst bilden kann. Vitamine unterstützen Stoffwechselvorgänge und werden bei der Energiegewinnung benötigt. Grundsätzlich unterscheidet man die fettlöslichen Vitamine A, D, E und K (Eselsbrücke: EDKA) und die wasserlöslichen Vitamine. Zu letzteren gehört der breit gefächerte B-Komplex, der gesunde Haut, glänzendes Fell und feste Krallen gewährleistet, sowie das Vitamin C, das für ein starkes Immunsystem sorgt.

Fettlösliche Vitamine werden bei einer Überdosierung in der Leber gespeichert und können dadurch Probleme verursachen, während wasserlösliche Vitamine mit dem Urin ausgeschieden werden. Andererseits treten bei fettlöslichen Vitaminen nicht sofort Mangelerscheinungen auf, wenn sie nicht bedarfsgerecht zugeführt werden, da zuerst die gespeicherten Vitamine vom Körper freigesetzt werden. Fehlen dagegen wasserlösliche Vitamine in der Ernährung, so kann man dies relativ rasch an der abnehmenden Vitalität des Hundes feststellen.

Die Nahrungsaufbereitung

Damit der Hund optimal mit allen notwendigen Nahrungsbestandteilen versorgt wird, bleiben fast alle Zutaten im rohen Zustand. Lediglich Reis, Nudeln und Kartoffeln müssen gekocht werden, wenn man sie füttern möchte. Denken Sie daran: Durch Erhitzen, Trocknen, Lagern und Wässern werden Vitamine, Proteine, Mineralien und Enzyme zerstört. Deshalb ist frische und abwechslungsreiche Kost immer das Beste für Ihren Hund. Rohes Fleisch etwa hat eine Verdaulichkeit von 98 Prozent, denn die Aminosäurenzusammensetzung kann der Hundeorganismus sehr gut verwerten.

Im Gegensatz dazu muss pflanzliche Kost zunächst

Sauermilchprodukte sind ein wertvoller Kalziumlieferant. Welpen, die damit aufgezogen werden, zeigen auch später keine Laktoseintoleranz.

vorbehandelt werden, damit der Hund diese optimal aufschlüsseln und verwerten kann. Nur noch einmal zur Erinnerung: Der Hund besitzt kein Enzym im Speichel, um die Zellstrukturen von Pflanzen zu knacken (→ Seite 8).

Mit einem leistungsstarken Mixer oder einem Pürierstab müssen Obst, Gemüse und Salat zu einem feinen Brei verarbeitet werden. Hinzugefügtes Wasser bindet die wasserlöslichen Vitamine, etwas Öl die fettlöslichen. Wer dies beherzigt, kann sicher sein, dass alle Vitamine vom Körper auch genutzt werden können. Der Hauptanteil der Mineralstoffversorgung des Hundes wird durch moderate Knorpel- und Knochenfütterung abgedeckt.

Gelegentlich kann auch ein komplettes Ei – also mit Schale! – mitpüriert werden. Der Kalziumspeicher wird auf diese Weise optimal aufgefüllt, ebenso ein Depot der wichtigsten Vitamine.

Was darf in den Napf?

Fleisch ist die Hauptnahrungskomponente des Hundes, eine artgerechte Ernährung mit frischem Fleisch steigert das Lebensgefühl Ihres Hundes. Für ein gesundes Dasein benötigt Ihr Vierbeiner aber noch andere Nahrungsbestandteile. Was Sie alles füttern können und was Sie beachten sollten, erfahren Sie hier.

Fleisch, Knochen und Knorpel

Fleisch sollte die Hauptkomponente der Hundenahrung sein. Um seinen Nährstoffbedarf zu decken, müssen zwanzig Prozent der täglichen Futterration aus reinem Eiweiß bestehen. Rohes Fleisch enthält in etwa diesen Prozentsatz. Diese Inhaltsstoffe werden vom Körper leicht aufgenommen und rasch verdaut. Für die Verdauung von Frischfleisch benötigt der Organismus weniger Energie als für die von Trockenfutter. Seinen Mineralstoffbedarf deckt der Hund über Knochen und Knorpel. Sie sollten am besten von jungen Schlachttieren stammen, da diese noch sehr stark mineralisiert und wenig schadstoffbelastet sind. Bevor Sie beginnen, Ihren Hund auf die Rohfütterung umzustellen, sollten Sie sich nach verschiedenen Bezugsquellen umsehen, um eine abwechslungsreiche Ernährung sicherzustellen. Preisgünstig ist Fleisch, das nicht mehr für den menschlichen Genuss geeignet ist. Diese Einstufung muss nicht negativ sein, denn alle Schlachttiere werden einer Fleischbeschau unterzogen. Fleisch, das optisch nicht den Anforderungen entspricht, kann qualitativ gut sein und dem Hund hervorragend schmecken! Füttern kann man reines Fleisch am Stück mit allen Fasern, Sehnen und Fett oder durch den Wolf gedrehtes Fleisch. Kehlkopf und Schlund fressen Hunde ebenfalls gern, ebenso Knochen mit Fleischanhang, im Text als »fleischige Knochen« bezeichnet. Große Röhrenknochen von Vierbeinern und speziell von Pute sollte man meiden. Sie können in Speiseröhre und Darm Verletzungen verursachen.

Diese Knochen schmecken

Weiche Knochen vom Kalb oder jungem Geflügel kann der Hund komplett fressen. Harte Markknochen können nur abgenagt werden. Ist das

Knochenmark ausgeleckt, sollten Kauanfänger nur unter Aufsicht weiternagen. Achten Sie darauf, dass sich der ausgehöhlte Knochen nicht über Zunge und Unterkiefer stülpt. Das kann schmerzhaft sein! Kalbsschwanz können junge Hunde besonders gut verzehren, Herausforderungen wie einem Ochsenschwanz sind ihre Kiefer und Zähne noch nicht gewachsen. Das schaffen nur die Profis!

Wertvolle Innereien

Innere Organe sollten maximal einmal pro Woche verfüttert werden, da Leber, Niere, Milz, Lunge und Bauchspeicheldrüse Stoffwechsel- und Entgiftungsorgane sind und sich für die Ausscheidung vorgesehene Produkte dort sammeln. Enthalten Innereien geronnenes Blut, so ist das vorteilhaft, denn es ist sehr mineralstoffreich.

Herz Das zarte Muskelfleisch ist phosphatreich und von allen Innereien am wenigsten belastet.
Lunge Sie ist relativ schwer zu verdauen und sollte jeweils in geringen Mengen gefüttert werden.
Leber Lieferant von Vitamin A und B, Kupfer, Eisen.
Milz Dieses Organ ist reich an Blutzellen.
Niere Der darin enthaltene hohe Puringehalt kann zu Ablagerungen in den Gelenken führen.

Rindermagen: eine Delikatesse

Grünen Pansen lieben unsere Vierbeiner. Und er ist gesund, denn er enthält alle Nähr-, Mineralstoffe und Vitamine in einem ausgewogenen Verhältnis. Das vorverdaute Grün kann der Hundedarm verwerten (→ Seite 8). Blättermagen ist nicht so fetthaltig wie grüner Pansen und eignet sich für sättigende, kalorienarme Mahlzeiten. Beide Teile des Rindermagens sind sehr geruchsintensiv und werden deshalb möglichst draußen gefüttert. Wenn Sie Ihrem Hund zweimal wöchentlich diese vollwertige Mahlzeit reichen, brauchen Sie sich keine Gedanken um Nahrungsergänzungsmittel zu machen.

Geeignete Fleischsorten

Huhn Hühnerrücken sind fleischreich, die Haut enthält viel Fett, weiche Knochen liefern Rücken und Rippen. Hühnerhälse verputzen Welpen problemlos. Flügel und Schenkel kann man zuerst mit

Frischer roher Fisch ist ein Gaumenschmaus und wertvoller Lieferant essentieller Fettsäuren.

einem Hammer zerkleinern. Alles in allem: eine hervorragende »Einsteigerfleischsorte«.

Rind- und Kalb Die großen Tiere bieten viele Fleischteile und Knochensorten, für die der Mensch keine Verwendung hat. Daher stehen sie hauptsächlich auf dem Speiseplan. Das Fleisch ist sehr nahrhaft, gerade Kalbfleisch ist bei empfindlichem Magen gut verträglich.

Lamm Dieses fett- und cholesterinarme Fleisch wird gerne bei Diäten gefüttert.

Pferd Das magere, cholesterin- und harnsäurearme Fleisch steht bei Futtermittelunverträglichkeiten bevorzugt auf dem Speiseplan.

Wild Fleisch von Reh, Hirsch und Hase sollte vor dem Füttern auf Wurmbefall kontrolliert werden.

Kaninchen Das helle Fleisch ist leicht verdaulich und mager. Neben Hühner- und Putenfleisch bietet es sich ideal für die Futterumstellung an.

Keinesfalls Schwein füttern!

Rohes Schweinefleisch, auch das vom Wildschwein, kann mit dem Aujeszky-Virus behaftet sein. Für den Menschen ungefährlich, kann er beim Hund die »stille Wut« auslösen. Diese Infektion ist tödlich! (Wild-)Schweinefleisch nie roh verfüttern, sondern nur gut durchgegart und nicht zu häufig!

Fisch schmeckt lecker

Fisch ist ein Lieferant der essentiellen Omega-3-Fettsäuren (→ Seite 24). Rotbarsch, Kabeljau und Scholle sind fettarme Arten aus dem Meer, fettreich sind Hering, Sardine und Makrele. An Süßwasserfischen bieten sich Forelle und Karpfen an. Im Fisch können Parasiten enthalten sein, die im salzsäurereichen Hundemagen aber sofort abgetötet werden! Ohne Innereien und Angelhaken angeboten, tun Sie Ihrem Hund mit Fisch nur Gutes.

Zur Hundeernährung sind Lamm, Huhn und Rind besonders gut geeignet. Auch bestimmte Fischarten wie Forelle oder Karpfen sind gut verdaulich.

Fleisch, das **Abwechslung** bietet

Für ein vielseitig zusammengesetztes Hundefutter sind folgende Teile geeignet:

FLEISCHTEILE OHNE KNOCHEN Zartes reines Muskelfleisch, faseriges Suppenfleisch mit einem gewissen Fettanteil, Stichfleisch, Zunge, Lefze, Kopffleisch, Mittelbrust, Hals, Kronfleisch (Zwerchfleisch), Schlund, Euter.

FLEISCHTEILE MIT KNOCHEN UND KNORPEL Beinscheiben, Suppenfleisch, fleischige Gelenkknochen, Brust und Rippe, junge ganze Kaninchen, Kaninchenköpfe mit Fell und Ohren, ganze junge Suppenhühner, Karkassen, Flügel, Ochsen- und Kalbsschwanz, Geflügelhälse, Kehlkopf, Luftröhre, Schlund.

Obst und Gemüse

Pflanzeneiweiße sind für den Hund ernährungs-physiologisch ebenfalls wichtig. Etwa 30 Prozent der Tagesration sollte aus vegetarischer Kost beste-hen. Nur noch einmal zur Erinnerung: Der Hund be-

Auch Gemüse steht auf dem vielseitigen Speise-plan des Hundes. Etwa 30 Prozent der Tages-ration sollte aus vegetarischer Kost bestehen.

sitzt kein Enzym im Speichel, um die harten Zell-strukturen von Pflanzen aufzubrechen (→ Seite 8). Deshalb muss alles »Grünzeug« mechanisch oder thermisch behandelt werden. Das heißt: Obst, Ge-müse und Salat sollten püriert oder kurz erhitzt werden. Mit einem Mixer oder Pürierstab – er muss so leistungsstark sein, dass sich Eiswürfel damit zerkleinern lassen – gelingt das am besten. Haben Sie Bedenken, dass Ihr Hund das auf diese Weise zubereitete »Grünzeug« nicht fressen möch-te? Machen Sie sich keine Sorgen! Fein püriert mit kalt gepresstem Pflanzenöl und etwas Wasser, um alle wertvollen fett- und wasserlöslichen Vitamine zu binden, und mit etwas Fleisch, Sauermilchpro-dukten, Käse oder Thunfisch vermischt, frisst fast jeder Hund eine solche Mahlzeit mit dem denkbar größten Vergnügen!

Jede Gemüsesorte ist anders

Rohes Gemüse liefert Mineralien, Vitamine, Kohlen-hydrate, Enzyme und Ballaststoffe. Da jedoch jedes Gemüse eine andere Zusammensetzung der oben genannten Nährstoffe hat, sollte man die Gemüse-ration abwechslungsreich variieren und ein be-stimmtes Gemüse jeweils nur in Maßen und nicht ausschließlich verabreichen.

› Als Faustregel gilt: Je grüner das Gemüse, desto wertvoller ist es für den Hund. Grünzeug, vornehm-lich Blattsalate, aber auch Karottengrün oder Kohl-rabiblätter, enthalten viel Chlorophyll und alle an-deren wichtigen Nährstoffe, die der Hund benötigt. Gerade Chlorophyll ist so wichtig, weil es vom Kör-per fast vollständig mit dem Zellsaft aufgenommen wird, der beim Pürieren mit dem Mixer oder dem Pürierstab entsteht. Mindestens die Hälfte der verabreichten Gemüse-portion sollte aus grünen Blattsalaten bestehen.

Sie gleichen durch ihren hohen Basengehalt den Säuregehalt des Fleisches aus. Das ist für den Hundeorganismus sehr wichtig! Die andere Hälfte der Gemüseration darf auch »andersfarbig« sein.

Geeignete Gemüsesorten

Den Vorzug gibt man saisonalen und regionalen Produkten: Sie sind frisch und haben keine langen Transportwege hinter sich. Wahlweise können auch Tiefkühlprodukte verwendet werden. Deren Vitamingehalt steht dem von Frischprodukten nur wenig nach, da sie gleich nach der Ernte aufbereitet und schockgefroren werden. Auf diese Weise bleiben die Vitamine erhalten.

Blattgemüse Dazu zählen Kopf-, Feld-, Pflück-, Endivien-, Romana-, Eisberg-, Eichblatt- und Bataviasalat ebenso wie Lollo Rosso, Lollo Bianco, Chicoree, Rucola und Portulak, um nur einige zu nennen. Grüne Salate enthalten hochwertiges Eiweiß, Vitamine und Mineralstoffe. Das Chlorophyll fördert den Transport von Nährstoffen in die Zellen. Alle Salate können im Mixer püriert werden.

Wurzelgemüse Dazu rechnet man Karotten, Mairüben, Fenchel, Wurzelpetersilie, Radieschen, Rettich, Rote Bete, Knollensellerie und Pastinake.

› Aus Karotten lässt sich ein hervorragender Gemüsebrei herstellen. Er ist reich an Carotinen, Vitaminen, Mineralstoffen und Pektin, schützt die Magen- und Darmschleimhaut und unterstützt auf diese Weise das Immunsystem.

› Fenchel wirkt beruhigend auf den Magen. Er hält Plagegeister wie Pilze, Endoparasiten und Bakterien im Darm in Zaum und der Vitamin-C-Gehalt übertrifft den der Orange bei Weitem.

› Rote Bete sind reich an Vitamin C und Eisen. Sie gelten als blutbildend und allgemein stärkend. Leider speichern sie Nitrat und ihre Oxalsäure bindet Kalzium. In Maßen gefüttert, sind sie für den Organismus aber sehr wertvoll.

› Pastinake ist eiweißreich, enthält viele Vitamine und Mineralstoffe.

Kürbisgewächse Dazu zählen neben Kürbissen auch Gurken und Zucchini.

Variieren Sie die Gemüsesorten, dann erhält Ihr Hund auf jeden Fall alle notwendigen Nährstoffe. Im Idealfall stammt das »Grünzeug« aus der Region und ist noch ganz frisch und vitaminreich.

Abwechslung im Hundenapf! Überreifes, püriertes Obst wie Papaya oder Banane schmeckt gut und liefert wertvolle Vitamine und Enzyme.

› Gurken wirken harntreibend, sind energiearm und zählen zu den basenreichsten Gemüsesorten. Schmeckt die Schale bitter, so muss die Gurke geschält werden – damit werden leider auch die meisten Vitamine weggeschält.

› Zucchini sind basenreich und entsäuern. Sie enthalten viel Vitamin B 1, Mineralstoffe, Schleim- und Bitterstoffe. Wegen des hohen Gehalts an Malonsäure, einem Stoffwechsel- und Zellgift, das sich in der Schale befindet, sollten sie geschält werden.

› Kürbisse sind gut lagerfähig und liefern in der Winterzeit extrem viel Betakarotin und Kieselsäure. Letztere neutralisiert Säureüberschuss und kann Verstopfung lindern.

Hier ist Vorsicht angebracht!

Kohlsorten wie Blumenkohl, Kohlrabi, Brokkoli, Wirsing, Rosenkohl, Rot- und Weißkohl können Blähungen bei Hunden hervorrufen. Geben Sie Ihrem Hund versuchsweise nur eine kleine Menge davon. Reagiert er nicht darauf, steht einer Verfütterung in Maßen nichts im Wege.

› In den Kohlrabiblättern stecken mehr Nährstoffe als in der Frucht selbst. Die wichtigsten Inhaltsstoffe sind Kohlenhydrate.

› Brokkoli ist vitamin- und mineralstoffreich. Die vorhandene Oxalsäure – sie ist auch in Spinat, Mangold und Roter Bete enthalten – ist ein Kalziumkiller. Bei jungen Hunden im Wachstum sollte man immer ein komplettes Ei mit Schale mitpürieren, dann wird der Kalziumverlust sofort wieder ausgeglichen und Sie machen nichts falsch!

Bitte nicht füttern!

Alle Nachtschattengewächse wie Tomaten, Paprika, ungekochte Kartoffeln, Auberginen und Peperoni sind nicht für Hunde geeignet. Sie enthalten den für Hunde giftigen Pflanzenstoff Solanin. Hülsenfrüchte wie Erbsen, Bohnen, Linsen sollten Sie ebenfalls außen vor lassen. Sie können starke Blähungen bis hin zu Krämpfen auslösen.

Obst

Wie das Gemüse muss auch das Obst vor dem Verzehren püriert werden. Fast alle Fruchtsorten eignen sich zum Verfüttern. Reich an wichtigen Enzymen ist besonders schon reifes, noch besser überreifes Obst.

Unverdauliche Schalen wie Bananenschalen werden vorher entfernt, ebenso Kerne und Steine. Sie enthalten einen Stoff, der Blausäure abspaltet. Apfelkerne verursachen keine Probleme, wenn sie nicht mitpüriert werden. Sie werden nicht verdaut, passieren den Magen- und Darmtrakt im Ganzen und dann einfach wieder ausgeschieden.

Geeignete Obstsorten

Stark säurehaltiges Obst wie Orangen, Mandarinen, Kiwis und Ananas sollten Sie nur in kleinen Mengen verfüttern, sie übersäuern den Magen. Mirabellen, Pflaumen und Zwetschgen können zu Magen- und Darmproblemen führen. Man sollte sie deshalb sehr selten füttern und bei empfindlichen Hunden ganz darauf verzichten. Nachfolgend eine Auswahl der beliebtesten Obstsorten für die Frischfütterung:

Äpfel Sie reinigen den Darm. Das enthaltene Pektin bindet Giftstoffe und hemmt das Wachstum von Bakterien. Äpfel wirken zudem harntreibend.

Aprikosen Die wohlschmeckenden Früchte sind reich an Vitamin C.

Bananen Sie sind bekömmlich, reich an Kalium, sättigen und beruhigen Magen und Darm.

Birnen Sie reinigen den Darm und entgiften den Organismus. Wegen des süßen Geschmacks werden sie gern vom Hund angenommen.

Beeren Brom-, Erd-, Him- und Johannisbeeren sind vitaminreich. Sie sind harntreibend und stärken das Immunsystem. Man kann sie in der Reifesaison ernten und portionsweise einfrieren.

Pfirsiche und Nektarinen Sie enthalten viel Karotin, regen die Verdauung an und kräftigen das Immunsystem. Die enthaltenen Steine müssen vor dem Pürieren entfernt werden, damit keine Blausäure ins Mus übertreten kann.

Melonen Sie unterstützen die Eiweißsynthese, stärken die Schleimhäute und das Immunsystem. An heißen Sommertagen sind eisgekühlte Melonenstücke nicht nur für den Hund ein Genuss.

Papaya Eine sehr wertvolle Frucht. Sehr enzymreich und mit einem hohen Vitamingehalt verbessert sie die Verdauung. Zu Beginn der Futterumstellung unterstützt sie die Entgiftung und beim alten Hund das Verdauen von Proteinen und Fetten.

Das darf **nicht in den Napf!**

TIPPS VON DER
B.A.R.F.-EXPERTIN
M. Kohtz-Walkemeyer

Hier in Kürze zusammengefasst, was nicht in die Fütterschüssel des Hundes gehört.

SCHWEINEFLEISCH Da es Viren der Aujeszky-Krankheit tragen kann, die beim Hund die »Pseudowut« auslösen, sollte es nie roh verfüttert werden. Der Krankheitsverlauf ist tödlich!

GROSSE RÖHRENKNOCHEN Sie sollte der Hund, wenn überhaupt, unter Aufsicht fressen.

NACHTSCHATTENGEWÄCHSE Aubergine, Paprika, unreife Tomaten, Kartoffeln und Peperoni enthalten roh das giftige Solanin. Also gar nicht oder Kartoffeln nur gekocht füttern.

HÜLSENFRÜCHTE Linsen & Co. gehören generell nicht in den Futternapf. Sie sind im rohen Zustand absolut giftig.

ZWIEBELGEWÄCHSE Zwiebeln und Lauch zerstören die roten Blutkörperchen und können zu Anämie (Blutarmut) führen.

WEINTRAUBEN, ROSINEN Sie können schwere Nierenschäden auslösen. Bitte weglassen!

Öle und Fette

Diese Komponenten sind aus drei Gründen wichtig:

› Öle und Fette tierischer und pflanzlicher Herkunft braucht der Hund als Energieträger. Sie enthalten (Pro-)Vitamine sowie die Grundelemente für den Aufbau von Körpersubstanz.

› Öle sind als Zusatz im Obst- und Gemüsebrei wichtig, denn nur so werden die fettlöslichen Vitamine A, D, E und K vom Körper aufgenommen.

› Essentielle Fettsäuren müssen dem Organismus in ausreichendem Maß zur Verfügung gestellt werden, da der Vierbeiner sie nicht selbst aus anderen Nährstoffen herstellen kann, sie aber für ihn überlebensnotwendig sind. Durch das Verfüttern von Fleisch mit Fett bekommt der Hund etwa ein ausreichendes Maß an Omega-6-Fettsäuren. Ein Mangel an essentiellen Fettsäuren äußert sich durch Haut- und Fellprobleme. Es kann außerdem zu Stoffwechselproblemen kommen. Um eine ausgewogene Ernährung zu garantieren, verwenden Sie am besten verschiedene Ölsorten im Wechsel.

Kaltgepresste Öle im Obst- und Gemüsebrei transportieren die fettlöslichen Vitamine A, D, E und K. Zusätzlich versorgen die Energieträger den Hund mit essentiellen Fettsäuren.

Die Herstellungsart macht's

Kaltgepresste, sogenannte native pflanzliche Öle sind besonders hochwertig. Nur auf sie sollte man bei der Fütterung des Hundes zurückgreifen. Nicht geeignet sind raffinierte Öle, denn bei ihrer Herstellung werden die meisten wichtigen Inhaltsstoffe bis auf den letzten Rest zerstört.

Daneben eignen sich Öle mit mehrfach ungesättigten Fettsäuren aus der Omega-3-Gruppe als Futterzusatz. Sie versorgen den tierischen Organismus zusätzlich mit dem lebensnotwendigen Vitamin E. Der Omega-3-Fettsäuregehalt ist besonders in Leinöl, Hanföl und Walnussöl hoch.

Tierische Öle wie Lebertran oder Lachsöl sind ebenfalls von großer Bedeutung für die Ernährung des Vierbeiners. Sie enthalten nämlich Omega-3-Fettsäuren ebenso wie die essentiellen, also lebensnotwendigen Fettsäuren.

Die richtige Lagerung

Öle sollten kalt und lichtgeschützt gelagert werden. Dem Licht ausgesetzt, wird das Vitamin E, das im Körper als Oxidationsschutz wirkt, aufgebraucht, und das Öl wird unbrauchbar. Im angebrochenen Zustand kann Öl gute zwei Monate aufbewahrt werden. Für einen 20 Kilogramm schweren Hund beträgt die Tagesration ein Teelöffel.

Gesättigte Fettsäuren

Pflanzliche und tierische Fette sollten ebenfalls im Futternapf des Vierbeiners vorhanden sein. Sie enthalten gesättigte Fettsäuren, das heißt, sie sind im Gegensatz zu Ölen fest in der Konsistenz und nicht essentiell, also nicht lebensnotwendig. Nichtsdestotrotz sind sie für die Ernährung sehr wertvoll. Auch hier genügt ein Teelöffel pro Tag für einen 20 Kilogramm schweren Hund.

Fette und Öle **im Überblick**

KOMPONENTE	FÜTTERN IN FORM VON
PFLANZENÖL	Sonnenblumen-, Oliven-, Weizenkeim-, Maiskeim-, Raps-, Distel-, Kürbiskern-, Kokos-, Lein-, Traubenkern-, Walnuss-, Sesam-, Nachtkerzen-, Borretsch-, Schwarzkümmel-, Rosmarin-, Hanf-, Erdnuss- und Haselnussöl
TIERISCHES ÖL	Lebertran, Lachs-, Kabeljau- und Dorschöl
PFLANZENFETT	Kokosfett oder -butter sind leckere Kalorienbomben, die als Geschmacksverstärker eingesetzt werden. Sie wehren Darmparasiten erfolgreich ab.
TIERISCHES FETT	Butterschmalz, Rindertalg, Gänseschmalz und Schweineschmalz verfeinern Obst- und Gemüsebreie. Eine Infektionsgefahr mit der Aujeszky-Krankheit besteht nicht, da Schweineschmalz bei der Herstellung stark erhitzt und vorhandene Viren abgetötet werden.

Milchprodukte und Eier

Von Natur aus stehen Milch- und Sauermilchprodukte nicht auf dem Speiseplan des Hundes. Sie
stellen jedoch eine ausgezeichnete alternative
Fett- und Eiweißquelle in der Rohfütterung dar.
Diese Produkte können, müssen aus ernährungs-
physiologischen Gründen aber nicht an den Vierbeiner verfüttert werden.
Nachdem erwachsene Hunde oft mit Verdauungs-
problemen auf Milchprodukte reagieren, sollten Sie
erst in kleinen Mengen testen, ob sie für den Hund
verträglich sind. Welpen, die von klein an damit
aufgezogen wurden, haben keinerlei Probleme.

Verschiedene Milchprodukte

Naturjoghurt, Butter-, Sauer- und Dickmilch
Wegen ihrer lebenden Kulturen sind sie nicht nur
reich an Vitamin A und D, sondern auch leicht verdaulich. Während reine Kuhmilch bei manchen
Hunden weichen Stuhlgang oder Durchfall provo-
zieren kann, da die Vierbeiner nicht mehr das Enzym Laktase zur Spaltung für Laktose haben, wird
Ziegenmilch vom Darm weitaus besser akzeptiert.
Sie ist besonders reich an Fett und Vitamin D und
enthält viele wichtige Nährstoffe. Der Caseingehalt
ist niedriger als bei der Kuhmilch, die Fettkügel-
chen sind viel kleiner und feiner, somit wird die
Milch besser verdaut. Als Basenbildner wirkt sie
positiv auf den Säuren-Basen-Haushalt. Hunde, die
zur Übersäuerung neigen, profitieren davon.
Hüttenkäse Die kleinen wasserhaltigen Körner
enthalten wenig Fett und viel leicht verdauliches
Eiweiß. Wie Frischkäse kann er zugefüttert werden.
Hart- und Weichkäse Sehr salzhaltige Käsesor-
ten werden in großen Mengen nicht gut vertragen.
In kleine Würfel geschnitten können milde Käse-
sorten als Belohnungshappen eingesetzt werden.
Quark Diese sehr fettreiche Kalziumbombe ist von
Nutzen, um bei mageren Hunden eine Gewichtszu-
nahme zu erreichen. Er enthält viel Milcheiweiß und
wenig Milchzucker. Wegen des hohen Fettgehalts
bei Sofa-Fans bitte sparsam in Form von Miniklecks-
en verfüttern oder gleich Magerquark verwenden.

Über einen Löffel Sahne oder Hüttenkäse freuen
sich viele Hunde. Vor dem Füttern sollten Sie
testen, ob Ihr Vierbeiner Milchprodukte verträgt.

Butter Als guter Fettlieferant wertet sie, in kleinen Mengen gereicht, so manchen Obst- und Gemüsebrei auf. In größeren Mengen kann sie abführend wirken und zu Durchfall führen.

Butterschmalz Sehr gut verträglich und wunderbar für Hunde, die Hochleistungen erbringen müssen. Auch mageren Senioren kann man mit Butterschmalz notwendige Kalorien zukommen lassen.

Sahne Hunde mit normalem Fettpolster, die reine Kuhmilch vertragen, freuen sich auch über einen Schuss süße Sahne. Saure Sahne ist ebenso fetthaltig und leichter bekömmlich.

Kefir Da er reich an Vitamin B ist, kann er sehr gut auf dem Speiseplan stehen.

Die Sache mit dem Ei

Eier enthalten leicht verdauliches, hochwertiges Protein ebenso wie Fett, essentielle Fettsäuren, viele Mineralstoffe und Vitamine. Die Schale ist eine hervorragende Kalziumquelle, allerdings muss sie im Mörser stark zerstoßen oder mitpüriert werden, nur so kann das Kalzium den Stoffwechsel erreichen. Besonders vorteilhaft ist ein rohes Ei, wenn der Gemüsebrei einen Kalziumkiller wie Brokkoli, rote Bete oder Spinat enthält – es wird dann einfach komplett mitpüriert! Mehr als ein Ei pro Woche sollten Sie allerdings mittelgroßen Hunden nicht füttern. Ins Futter sollte stets das komplette Ei kommen, denn im rohen Eiklar befinden sich Stoffe, die die Eiweißverdauung hemmen, wodurch es zu Verdauungsstörungen kommen kann. Zudem wird die Biotinresorption verhindert. Neutralisiert wird die Wirkung dieser Stoffe durch das rohe Eigelb, das große Mengen an Biotin enthält. Die Natur hat das gut so eingerichtet, denn kein Beutegreifer kommt auf die Idee, Eiklar von Eigelb zu trennen! Tun Sie es also auch nicht!

Ein komplettes Ei mitsamt der Schale ist eine willkommene Abwechslung für den Hund und eine besondere Herausforderung beim Fressen.

Vorsicht Salmonellen

Wenn Sie Eier roh verfüttern möchten, dann sollten Sie sie vorher gründlich heiß abwaschen. So umgehen Sie die Gefahr einer möglichen Salmonellenkontamination. Ein Hauptteil der anhaftenden Bakterien wird dadurch abgespült. Der hohe Salzsäuregehalt im Hundemagen bekämpft zumeist erfolgreich solche Plagegeister!

Spiel und Spaß mit Ei

Ein gekochtes Ei mit Schale ist für jeden Hund eine echte Herausforderung! Das erfordert technisches Können. Die Schale ist zwar im Ganzen schwerer verdaulich und das Kalzium wird nicht in so hohem Maße aufgeschlossen. Jedoch werden schädliche Proteine im Eiklar und mögliche Salmonellen durch Erhitzen unschädlich gemacht. Damit steht einem kleinen »Eierspiel« nichts im Wege.

Kräuter, Keime und Nüsse

Eine hervorragende Quelle für Vitamine, Mineralien und Enzyme sind ohne Zweifel Garten- und Wildkräuter. Die enthaltenen sekundären Pflanzenstoffe wie ätherische Öle, Sulfide, Karotine, Polyphenole und Phytoöstrogene wirken antibiotisch. Sie unterstützen das Immunsystem und halten schädliche Mikroorganismen in Schach. Nicht umsonst heißt es: Gegen alles ist ein Kraut gewachsen!

Immer in Maßen

Kräuter sind nicht nur eine sinnvolle Nahrungsergänzung, sondern zum Teil auch Arzneimittel, die maßvoll und umsichtig zum Einsatz kommen sollten. Bitte nicht in großen Mengen und dauerhaft verabreichen! Eine kurmäßige Anwendung im Frühjahr und/oder im Herbst über einen Zeitraum von vier bis sechs Wochen ist sinnvoll.

Das tut dem Hund gut

Einige besonders wohltuende und hilfreiche Vertreter sollen hier im Einzelnen genannt werden:
Brennnesselblätter Sie regen – frisch oder getrocknet mitpüriert – den Stoffwechsel an, unterstützen die Drüsentätigkeit und sind an der Bildung von roten Blutkörperchen beteiligt. Histamin, Lezithin, viele Mineralstoffe, Vitamine und Ameisensäure sind die Wirkstoffe.
Gänseblümchen Die vitaminreichen Blütenköpfe und Blätter werden mitpüriert. Ihre ätherischen Öle und Gerbstoffe haben eine schleimlösende Wirkung, wirken entzündungshemmend, appetitanregend, blutreinigend und regen die Verdauung an.
Löwenzahn Er stärkt frisch gepflückt den kompletten Organismus. Mit seinen Bitterstoffen, Flavo-

noiden, Vitamin C und dem hohen Kaliumgehalt wirkt er zudem blutreinigend, entgiftend, durchblutungsfördernd, harntreibend und appetitanregend.
Petersilie Sie strotzt vor Vitamin C und hat eine harntreibende, entzündungshemmende Wirkung. Vorsicht ist bei trächtigen Hündinnen geboten, denn ein Zuviel kann zu Fehlgeburten führen.
Brombeer- und Himbeerblätter Sie sind reich an Vitamin C, Eisen und Gerbstoffen. Außerdem wirken sie blutreinigend, harntreibend, keim- und pilztötend sowie entzündungshemmend. Sie können Durchfall lindern.
Echte Kamille Sie wirkt schmerzlindernd, entzündungshemmend und beruhigend.

Alternative zu frischen Kräutern

Soll es schnell gehen, so kann man auch Tiefkühlkräuter in die Hundemahlzeit geben. Zwei Fliegen mit einer Klappe schlagen Sie, wenn Sie klein geschnittene Kräuter und Blüten in eine dunkle Flasche füllen (¾ voll) und mit nativem Olivenöl auf-

---

Sammeln beim **Spaziergang**

Gerade nach den Wintermonaten bietet sich eine Kräuter-Frühjahrskur an.

LÖWENZAHN UND JUNGE BRENNNESSELN können Sie selbst pflücken, allerdings nicht vom befahrenen Straßenrand oder gedüngten Wiesen.

GÄNSEBLÜMCHEN werden vor dem Rasenmäher gerettet und dann gut püriert verfüttert.

gießen. Für vier Wochen bleibt die gut verschlossene Flasche an einem sonnigen Ort stehen und wird täglich einmal aufgeschüttelt. Dann wird alles durch ein feines Sieb abgegossen. Das Kräuteröl ist im Kühlschrank mindestens zwölf Wochen haltbar.

Keime und Sprossen

Sprossen, Samen, Grünkraut und Getreidegras stellen ebenfalls eine Möglichkeit zur Ergänzungsfütterung dar. Wie Obst und Gemüse müssen sie püriert werden, damit die Nährstoffe vom Hund aufgenommen werden können. Sie erweitern und bereichern den hündischen Speiseplan, da sie viele Vitamine und Mineralstoffe enthalten. Gerade im Winter, wenn das Gemüse teuer ist, bietet sich die Sprossen- und Keimzucht an. Probieren Sie es einfach mal: Aus fast allen Samen können Sprossen gezogen werden. Ausgenommen sind Nachtschattengewächse wie Tomaten, Paprika und Kartoffeln. Deren Keime sind sowohl für den Hund als auch für den Menschen giftig. Nichts in der Hundeschüssel zu suchen haben außerdem die Sprossen der Hülsenfrüchte, der Bohnensorten, Erbsen und Kichererbsen sowie Sojabohnen.

Alfalfa Diese Sprossen dürfen erst ab dem 8. Tag der Keimung gefüttert werden. Vorher enthalten sie den gesundheitsschädlichen Stoff Canavanin.

Kresse und Bockshornklee Sie lassen sich gut auf Haushaltspapier oder Watte ziehen.

Linsen und Mungobohnen Ihre Keime sind nur bedingt geeignet und sollten nur in kleinsten Mengen beigemischt werden.

Auf Ihren Spaziergängen können Sie Löwenzahn und Gänseblümchen selbst pflücken. Mitpüriert bringen sie gerade im Frühjahr den Stoffwechsel in Schwung.

Nüsse und Kerne

Diese wertvollen Fettbomben mit hohem Energiegehalt enthalten ungesättigte Fettsäuren, viele Vitamine sowie Mineralstoffe. Zum Verfüttern müssen Nüsse und Kerne stark zerkleinert werden, am besten gleich mitpürieren, ohne Schale versteht sich. Schmackhaft sind alle Nussarten und zum Obstbrei mit Nuss sagt kaum ein Vierbeiner nein. Hunde, die viel Energie verbrauchen, dürfen mehrmals pro Woche einen Esslöffel in die Futterportion bekommen. Mandeln enthalten zu viel Bitterstoffe (Blausäure) und sollten nicht verfüttert werden.

Getreide in der Futterschüssel

Ob Getreide in die Hundenahrung gehört – darüber streiten sich die Geister. Klar ist, dass der »Wolf im Hundepelz« von Magen, Darm, Zähnen und Speichel her nicht auf Getreidefütterung eingestellt ist (→ Seite 8/9). Physiologisch gesehen braucht der Hund außerdem nicht unbedingt Kohlenhydrate aus Getreide als Energielieferant. Er bezieht diese aus Fett und zum Teil aus Eiweiß.

Wie Getreide verdaut wird

Die Verwertung von Getreide nimmt viel Zeit in Anspruch. Dadurch wird auch das Milieu im Darm verändert: Gärprozesse kommen in Gang, Blähungen und Durchfall können die Folgen sein. Plagegeister wie Bakterien haben wieder eine Chance! Erschwerend kommt hinzu, dass Stoffe, die eigent-lich ausgeschieden werden sollten, weil der Organismus sie nicht braucht oder weil sie schädlich oder gar giftig sind, zu lange im Körper verweilen. Sie begünstigen eine Ansammlung von Schlacken, die den Organismus auf Dauer schädigen können.

Die richtige Vorbehandlung

Obwohl Getreidefütterung für den Hund unnatürlich ist, kann, wenn der Hund es gewohnt ist und Sie es weiterführen möchten, Getreide in geringen Mengen verfüttert werden. Bei Hunden, die schnell verstoffwechseln, kann man nicht auf Getreide im Futter verzichten, weil sie nur so genügend Kohlenhydrate zu sich nehmen. Riesenwüchsige Hunde etwa kann man mit Fleisch allein kaum in einen guten Ernährungszustand bringen, ohne ihnen kalorienreiche Zusätze zum Fleisch zu füttern.
Generell gilt: Damit der Hundemagen Getreide verwerten kann, müssen ganze Körner geschrotet, gemahlen, weich gegart oder geflockt werden. Zusätzlich müssen sie eingeweicht und vorgequollen werden. Getreideflocken sind bereits hitzebehandelt und mechanisch bearbeitet. Sie brauchen nur bis zu 30 Minuten eingeweicht werden, am besten in Milch Ihrer Wahl oder Fleischbrühe. Auch ein Sahne- oder Ziegenmilchmix eignet sich gut. Wird das gefüttert, kann an diesem Tag auf die Fleischportion getrost verzichtet werden.

Welche Sorten sind geeignet?

Glutenfreie Getreidesorten wie Amaranth, Hirse, Reis, Wilder Buchweizen und Maisgries sollten bevorzugt gefüttert werden, denn das in anderen Sorten vorhandene Gluten steht in Verdacht, Futtermit-

Vertreter bestimmter großer Hunderassen kann man mit Getreide besser in einen optimalen Ernährungszustand bringen.

telunverträglichkeit auslösen zu können. Dem Verfüttern von glutenreichem Getreide wie Weizen, Dinkel, Roggen, Gerste, Hafer und Grünkern steht nichts im Wege, wenn es hin und wieder in kleinen Mengen und maßvoll beigemischt wird – und zwar unter den Obst- und Gemüsebrei, nicht unters Fleisch! Auf Grund der unterschiedlichen Verdauungszeiten sollten Fleisch und Getreide immer getrennt gegeben werden. Günstig wäre ein Zeitabstand von mindestens sechs Stunden. Vollkornprodukte mögen wertvolle Inhaltsstoffe haben – sie sind für den Hundedarm allerdings noch schwerer zu knacken. Der Nahrungsbrei verweilt noch länger im Darm als bei der gemäßigten Getreidefütterung. Wollen Sie Vollkornprodukte füttern, dann weichen Sie sie besonders lange ein, am besten über Nacht oder kochen Sie einen Brei. Auch Nudeln und Reis sind Getreideprodukte, die Sie gekocht in die Futterschüssel geben können.

Auf den Kalziumhaushalt achten

Getreide enthält große Mengen an Phytinsäure. Diese bioaktive Substanz bindet Kalzium, Magnesium, Eisen und Zink. Damit der Mineralstoffhaushalt bei regelmäßiger Getreidefütterung nicht aus dem Ruder laufen kann, sollte Kalzium in Form von Knochen, pürierter Eierschale oder Kalkpulver zugeführt werden. Doch aufgepasst: Gelangt freies Kalzium schlagartig in den Magen, wird dessen Milieu alkalisch. Die Funktion der Salzsäure wird erheblich beeinträchtigt, die gesamte Verdauung verläuft schleppender. Salmonellen und Endoparasiten werden nicht in genügender Zahl abgetötet. Es kann zur Gasbildung kommen. Deshalb ist es wichtig zu wissen: Wenn zusätzlicher Kalk notwendig ist, dann sollten nur kleine Mengen davon regelmäßig über das Futter gegeben werden.

Ab und zu etwas getrocknetes Brot als Leckerchen oder Belohnung gefüttert, pflegt die Zähne und beschäftigt die Magensäfte.

Alternative **Leckerchen**

Eine Alternative zu Hundekuchen sind getrocknete und in Scheiben geschnittene Brötchen oder Brot.

BETTHUPFERL Am besten gibt man sie vor der Nachtruhe, das gibt dem Magen eine leichte Beschäftigung für die Nacht. Der Magen übersäuert nicht, keine Darmgeräusche stören die Nachtruhe.

MIT BUTTER Bei Senioren oder Leichtgewichten darf etwas Butter oder Schmalz mit aufs Brot!

SÜCHTIG AUF BROT Hunde, die geradezu wild auf Brot sind, haben ein Zuviel an bestimmten Bakterien und Pilzen im Darm. Diese produzieren opiumartige Toxine, die Hunger auslösen. Ein Tierheilpraktiker wird eine Darmsanierung empfehlen.

Nahrungsergänzungsmittel

Wer möchte nicht einen rundum gesunden und zufriedenen Hund haben? Deshalb stellt sich wohl jeder Hundebesitzer immer wieder die Frage: Bekommt mein Vierbeiner denn auch wirklich alles, was er braucht? Und außerdem: Bekommt er es auch oft genug?

Machen Sie sich keine Sorgen: Der Stoffwechsel des Hundes ist darauf ausgelegt, mit Über- und Unterversorgung zu arbeiten. Depots — etwa an fettlöslichen Vitaminen — werden angelegt und bei Bedarf genutzt. Flexibilität zeugt von Vitalität, und diese wiederum spiegelt die Gesundheit wider. Ein träger Stoffwechsel ist dagegen angreifbar. Wird der Organismus täglich bis zur obersten Grenze belastet mit Dingen, die er momentan nicht benötigt und vielleicht auch nicht mehr speichern kann,

dann läuft er über wie ein voller Abfalleimer. Hautprobleme, chronische Entzündungen und Allergien können die Folgen sein.

Sinnvoller Mängelausgleich

Gelegentlich macht es jedoch Sinn, dem Futter Ergänzungsstoffe beizumischen. Dies gilt umso mehr, wenn man bedenkt, dass das Fleisch der Schlachttiere durch die heutige industrielle Aufzucht und das damit verbundene schnelle Wachstum oft nicht mehr von optimaler Qualität ist.

Beim Obst und Gemüse sieht es ähnlich aus: »Von der Sonne verwöhnt« wachsen nur noch wenige Sorten auf, meist werden sie in Gewächshäusern und unter dem massiven Einsatz von Düngemitteln, Pestiziden und Insektiziden als industrielle Massenprodukte erzeugt.

Um eventuelle Mängel auszugleichen, gibt es Ergänzungsstoffe, die gelegentlich oder als Kur über einen Zeitraum von vier bis sechs Wochen gegeben werden können.

Heilerde Dieses uralte Mittel aus dem Reformhaus ist reich an Mengen- und Spurenelementen wie Kalzium, Phosphor, Magnesium, Kalium, Eisen, Kupfer und Zink. Es wird gerne zur Darmsanierung, Entschlackung und Entgiftung eingesetzt. Gelegentlich mit unters Futter gerührt, hat man stets die Gewissheit, dass der Hund ausreichend mit allen notwendigen Mineralien versorgt ist.

Spirulina Diese Mikro-Meeresalge dient der Rekonvaleszenz. Sie enthält außer Vitamin C viele Mengen- und Spurenelemente, Proteine, Chlorophyll, einprozentige Gamma-Linolensäure und eine dreifach ungesättigte Omega-6-Fettsäure

Nahrungsergänzungsmittel als Kur angewendet, zur Ausleitung oder zur Rekonvaleszenz können eventuelle Nährstoffmängel ausgleichen.

(→ Seite 24).
Als Kur über maximal sechs Wochen verabreicht, bringt Spirulina das Immunsystem in Gang, entgiftet Leber und Nieren, regt die Bildung neuer Blutzellen an, bindet freie Radikale und leistet wertvolle Dienste als Therapieunterstützung bei Allergien, Immunschwächen und Erkrankungen. Die Dosierung ist von Alter und Gewicht abhängig.

Chlorella Die einzellige Süßwasser-Grünalge asiatischen Ursprungs sorgt für Power pur. Durch ihren etwa dreiprozentigen Chlorophyll-Anteil versorgt sie die Zellen mit Sauerstoff. Ihr Gehalt an Vitaminen und Mineralstoffen übertrifft alle anderen bekannten Ergänzungsstoffe.

Keine andere Alge hat eine ebenso starke entgiftende Wirkung. Chlorella wird gern nach Schwermetallvergiftungen, Kontakt mit Parasitenschutzmitteln, Umwelt- und Schadstoffbelastungen sowie nach Impfungen eingesetzt. Sie sollte als etwa sechswöchige Kur nach jeder chemischen Belastung des Hundes zur Entgiftung Anwendung finden.

Aloe vera Das Extrakt aus der gleichnamigen Pflanze enthält über 200 verschiedene Inhaltsstoffe. Alle Vitamine, Mineralstoffe, Proteine, essentielle Fettsäuren und Enzyme stehen hier in einem ausgewogenen Verhältnis zur Verfügung. Als Kur bei Infektionen, Allergien, Hautkrankheiten, Darm- und Atemwegserkrankungen angewendet, unterstützt Aloe vera die Blutzirkulation in den kleinsten Blutgefäßen. Der Saft wird meist direkt ins Maul gegeben oder mit dem Futter vermischt angeboten.

Wundermittel Honig

Honig kann ebenfalls sehr gut zur Nahrungsergänzung eingesetzt werden. Er liefert viele wichtige Enzyme, Vitamine, Mineralstoffe und andere Inhaltsstoffe, die antibiotisch wirken. Anwendungsbereiche sind Appetitlosigkeit, Ermüdung, Blutarmut,

Ein gesund ernährter Hund ist auch im Alter noch vital und hat Spaß am Leben. Vor allem ältere Hunde freuen sich über etwas Honig im Obstmus.

Wund- und Hautpflege sowie die Anregung des Stoffwechsels. Hin und wieder ein Teelöffel Honig, bei großen Hunden darf es auch ein Esslöffel sein, ins Futter gemischt oder in einem Sauermilchprodukt verrührt, ist es eine willkommene süße Abwechslung mit hohem Gesundheitswert.

Ein besonderes Honigprodukt ist Propolis, das Bienen-Kittharz. Durch seine extrem hemmende und bakterienabtötende Wirkung ist es das stärkste bekannte natürliche Antibiotikum. Zudem versorgt es den Organismus mit reichlich Vitaminen und Mineralstoffen. Es wirkt im Körper entgiftend, immunstimulierend, krampflösend und regenerativ. Pilze, Viren und Bakterienstämme bilden keine Resistenz dagegen aus. Für eine Kur vor dem Winter kann man etwa drei bis vier Wochen lang täglich eine Messerspitze Propolis mit Buttermilch oder Honig unter die Mahlzeit mischen.

Jetzt kommt die Praxis

Mit den richtigen Zutaten allein ist es noch nicht getan. Auch auf das Wieviel kommt es an. Mithilfe eines Beispielfutterplans und zahlreichen Tipps zur Berechnung der für Ihren Hund passenden Futtermenge sind Sie bestens für den Einstieg in die Methode der artgerechten Rohernährung gerüstet.

Die Sache mit dem Gewicht

Bevor Sie mit dem Barfen beginnen, machen Sie sich zunächst Gedanken zum Gewicht Ihres Hundes. Ist er vielleicht zu dünn oder zu dick?
Feststellen können Sie dies mit Hilfe eines kleinen Tricks. Fahren Sie mit dem Finger über die Rippen des Hundes. Sind diese gut zu tasten, dann stimmt das Gewicht. Müssen Sie Druck ausüben und Fettpölsterchen zur Seite schieben, dann hat der Hund zu viel auf den Rippen. Sind die Rippen sehr deutlich zu spüren und stehen dazu noch die Kreuzbeinhöcker hervor, dann ist der Hund untergewichtig und offensichtlich zu dünn.
Das Erfühlen des Gewichts hat sich in allen Altersstufen bewährt, vom Welpen bis zum Senior. Wobei letzterer dazu neigt, zwar auf den Rippen nichts zu haben, dafür aber einen Speckkragen hat! Meine Senioren dürfen das. Wer weiß, wozu sie diese Reserven eines Tages brauchen?

Die ideale Futtermenge

Für einen gesunden, ausgewachsenen Hund empfehlen Ernährungswissenschaftler zwei Prozent des Körpergewichts als tägliche Gesamtfuttermenge. Ist Ihr Hund schlank und sehr aktiv, können es auch drei Prozent sein. Faule Sofa-Fans hält man dagegen eher knapp. Zu welcher Kategorie Ihr Hund gehört, haben Sie ja bereits mit dem »Fühltest« selbst herausfinden können.
Jetzt beginnt das Zahlenspiel:
› Rechnen Sie mit zwei Prozent des Körpergewichts, so ergibt das Körpergewicht multipliziert mit 20 die tägliche Gesamtfuttermenge in Gramm. Wiegt Ihr Hund um die 25 Kilogramm, dann liegt der Tagesbedarf bei 500 Gramm Gesamtfutter.
› Rechnen Sie mit drei Prozent des Körpergewichts, so ergibt das Körpergewicht multipliziert mit 30 die tägliche Gesamtfuttermenge in Gramm.

↓ 13 kg = 390 g

Gehen wir wieder davon aus, dass Ihr Hund um die 25 Kilogramm wiegt, dann ergibt sich ein Tagesbedarf von 750 Gramm Gesamtfutter.

Fleisch- und Pflanzenkomponente

Die errechnete Gesamtmenge wird nun nochmals aufgeteilt in 30 Prozent Obst- und Gemüsemix und 70 Prozent Fleisch, fleischige Knochen, Knorpel oder Fisch. Für unser Rechenbeispiel ergibt sich:
> Für den »normalen« Hund 150 Gramm Obst und Gemüse sowie 350 Gramm Fleisch.
> Für den »aktiven« Hund 225 Gramm Obst und Gemüse sowie 525 Gramm Fleisch. *120g / 280g*

Wie oft wird gefüttert?

Bei der Rohfütterung hat es sich bewährt, zweimal täglich zu füttern, da die Verdauungszeit von püriertem Obst und Gemüse, Fleisch und Knochen nur 12 Stunden beträgt. Je nachdem, ob Sie pflanzliche und tierische Kost gemeinsam oder getrennt füttern wollen, ergibt sich folgende Aufteilung:
> Der »normale« Hund erhält morgens 150 Gramm Obst- und Gemüsemix, mit einem Tee- oder Esslöffel eines Sauermilchproduktes verfeinert. Abends gibt es 350 Gramm Fleisch oder ähnliches.
> Alternativ können Sie gleich am Morgen die Gesamtmenge, also 150 Gramm Obst- und Gemüse sowie 350 Gramm Fleisch, mischen und jeweils die Hälfte morgens und abends füttern.
> Ganz einfach zu portionieren sind die Blättermagen- und grüner Pansenmahlzeiten, da vegetarische Kost und Fleisch in einem vorhanden sind!

Die Tendenz muss stimmen!

Diese Zahlen bedeuten aber nicht, dass Sie sich zum Sklaven Ihrer Waage machen. In der Natur hört der Wolf auch nicht nach 525 Gramm auf zu fressen! Für Ihren Hund gibt es eben mal größere, mal kleinere Portionen. Wichtig ist, dass er über einen längeren Zeitraum – über zwei bis vier Wochen – ausgewogen und ausreichend ernährt wird. Hilfreich für die Einkaufsplanung ist es daher auch, wenn Sie zu Beginn den Wochenbedarf berechnen. Dann ergeben sich 1050 Gramm Obst und Gemüse sowie 2450 Gramm Fleisch, fleischige Knochen, Fisch und Knorpel für den »normalen« Hund und 1575 Gramm Obst und Gemüse sowie 3675 Gramm Fleisch für den »aktiven« Hund.

Großzügig runden

Lassen Sie sich durch die krummen Zahlen nicht erschrecken, Sie dürfen ohne Weiteres großzügig runden! In der Praxis bedeutet das für Sie, dass Sie am Rinderschlund nicht mühsam zwei Knorpelspangen abschneiden müssen, um die genaue Grammzahl zu erreichen. Was der Hund heute zu viel in der Futterschüssel hat, wird ihm übermorgen wieder abgezogen. Die Abwechslung bestimmt den Futterplan. Als Besitzer kennen Sie Ihren Vierbeiner am besten. Beobachten Sie Ihren Hund aufmerksam! Wie sieht er aus? Wie verhält er sich? Wirkt er zufrieden und aktiv? Kommt er mit der Futtermenge gut zurecht oder ist sie zu reichlich bemessen? Um das festzustellen, muss nicht ständig die Personenwaage zum Einsatz kommen.

Vegetarischer Futteranteil Runden Sie den vegetarischen Teil ab, denn meist wird der Obst- und Gemüsemix mit kalorienreichen Zusätzen wie Hüttenkäse, Ölsardinen oder Speiseresten in Form von gekochten Nudeln, Reis und Soßen verfeinert. Im Einzelnen könnte die wöchentliche Ration von 1000 Gramm für den »normalen« Hund bzw. 1500 Gramm für den »aktiven« Hund aus folgenden Zutaten bestehen: Salat, Karotten, Fenchel und

Ist Ihr Hund zu dick oder zu dünn? Fahren Sie mit den Fingern über die Rippen des Hundes. Sind diese gut zu tasten, stimmt das Gewicht.

Hündinnen mit Welpen haben einen deutlich höheren Futterbedarf. Schließlich müssen sie mit ihrer Milch den Nachwuchs mitversorgen!

Zucchini oder auch Äpfel, Aprikosen, Bananen, Johannisbeeren und eine Handvoll Nüsse. Als »Geschmacksverstärker« reichen Sie dazu ein Sauermilchprodukt Ihrer Wahl. Möchten Sie Getreide füttern, dann weichen Sie die Flocken in Buttermilch ein und verfeinern den Brei mit Obstmus.

Tierischer Futteranteil Runden Sie den tierischen Futteranteil auf. Die wöchentliche 2500-Gramm-Ration für den »normalen« Hund können Sie etwa so zusammenstellen: Fisch, Blättermagen, Hühnerrücken, Muskelfleisch, Innereien, grüner Pansen, Schlund und fleischige Knochen.

Gleiches Futter für jedes Alter?

Es stellt sich immer wieder die Frage, ob Welpen, Junghunde, erwachsene Hunde und Senioren unterschiedliches Futter brauchen. Geht man vom Wolf aus, dann lautet die Antwort deutlich nein, denn es gibt nur ein Beutetier, von dem bekommen alle ihren Anteil. Dennoch gibt es Unterschiede, die es zu berücksichtigen gilt (→ Seite 38/39).

Hündinnen mit Welpen

Eine trächtige oder laktierende Hündin hat nicht nur einen anderen Futterbedarf, sondern auch die merkwürdigsten Futtergelüste. Es müssen zwar nicht saure Gurken mit Vanillepudding wie bei menschlichen Schwangeren sein, es kann jedoch die »nur noch Hundekuchen- oder Hackfleischphase« sein, die den Züchter an den Rand der Verzweiflung treibt. Locker verputzt die säugende Hündin die zweieinhalbfache Futtermenge ohne an Gewicht zuzunehmen. Es geht alles in die Milchbildung und damit in die Ernährung der Welpen.

Diät für scheinträchtige Hündinnen

Wird eine Hündin extrem scheinträchtig, so ist es sinnvoll, sie ab dem vierzigsten Tag nach der nächsten Standhitze auf proteinarme Kost zu setzen. Denn tierisches Eiweiß fördert die Milchbildung. Vor allem pflanzliche Kost und viele Spaziergänge, die das Tier ablenken, stehen dann im Vordergrund. In akuten Fällen füttern Sie 2–3 Tage nur Wasser und Brot!

Futterplan für verschiedene Altersstufen

Auf den Bildern sehen Sie den ungefähren Futterplan eines erwachsenen, 25 Kilogramm schweren Hundes. Bedenken Sie aber immer: Jedes Lebewesen ist individuell verschieden. Was für den einen passt, ist für den anderen zu viel oder zu wenig. Sollten Sie generell Getreide in den Fütterungsplan aufnehmen wollen, so reichen Sie es bitte nicht mit Fleisch, das könnte Blähungen verursachen. Bieten Sie Getreide immer als getrennte Mahlzeit an. Ein Obst- und Gemüsemix könnte bestehen aus:

› 2–3 Blätter Eichblattsalat, ½ Karotte, ½ geschälte Zucchini, ¼ Fenchel, 1 Handvoll Haselnüsse, mit Olivenöl und Wasser püriert und mit 1 Esslöffel Sauerrahm verfeinert.

› ¼ Apfel, ¼ Banane, 50 Gramm Johannisbeeren, mit Walnussöl und Wasser püriert.

› 2 Blätter Salat, ¼ Apfel, ½ Birne, ¼ Banane, ½ geschälte Zucchini, ½ Karotte, 2 Stück Brokkoli, 1 ganzes Ei, mit Wasser und Ölivenöl püriert.

Welpenkost

Zieht bei Ihnen ein Welpe ein, von dem Sie nicht wissen, wie groß er wird, empfiehlt es sich zu Beginn, zehn Prozent des derzeitigen Körpergewichtes als Gesamtfuttermenge anzusetzen. Reduzieren Sie diese bis zur zwanzigsten Lebenswoche auf fünf Prozent. Behalten Sie die Rippen im Auge! Ein moppeliger Welpe sieht zwar süß aus, doch unnötiges Gewicht belastet den Bewegungsapparat, besonders die Bänder und Sehnen.

Die tägliche Gesamtfuttermenge, die ein ausgewachsener, gesunder Hund auf zwei Mahlzeiten

1 MONTAG
Morgens: 150–200 g
Brustbein
Abends: 350–400 g
Pansen

2 DIENSTAG
Morgens: 150–180 g Gemüsemix und
1 Esslöffel Sauermilchprodukt
Abends: 300 g Backenfleisch und
100 g fleischige Knochen

3 MITTWOCH
Morgens: 250–300 g
Blättermagen
Abends: 250–300 g
Blättermagen

4 DONNERSTAG

Morgens: 150 g
Obstmix mit 50 g
Fleisch
Abends: 300 g Inne-
reien und 100 g
Rippe oder 2–3 Hüh-
nerflügel

5 FREITAG

Morgens:
150–180 g Gemüse-
mix mit 1 Esslöffel
Sauermilchprodukt
Abends: 1 komplet-
ter Fisch mit etwa
400 g Gewicht

6 SAMSTAG

Morgens:
150 g Obstmix mit
50 g Fleisch
Abends: 3–4 Hüh-
nerrücken mit etwa
400 g Gewicht

7 SONNTAG

Morgens:
150 g Obst- und
Gemüsemix mit
50 g Nudeln
Abends: 300 g
gemischtes Fleisch

verteilt bekommt, erhält ein Welpe auf vier Mahlzeiten, der Junghund auf drei Mahlzeiten verteilt.
Gebarfte Welpen und Junghunde wachsen harmo-
nischer. Sie »schießen« nicht so in die Höhe. Bindegewebe und Muskulatur sind fest, die Knochen gut
mineralisiert. Der gesamte Organismus hat genügend Zeit zum Reifen! Welpen und Junghunden im
Wachstum bieten Sie viel kalziumhaltige Knorpel
und fleischige Knochen an, etwa als Zwischenmahlzeit. Besonders Junghunde im Zahnwechsel tun
sich schwer mit Knochen. Sie bevorzugen Kost mit
breiiger Konsistenz. Möchten Sie Getreideflocken
füttern, bietet sich das als dritte Mahlzeit an. Weichen Sie die Flocken über Nacht in Butter- oder Ziegenmilch ein, dann wird zügiger verdaut.

Seniorenkost

Im Alter tun sich die Verdauungsorgane schwerer,
die Verstoffwechslung läuft langsamer und viel in-
effektiver. Ein alter Hund bekommt deshalb seine
Tagesration auf zwei bis drei Mahlzeiten verteilt.
Auch die Enzymbereitstellung läuft schleppend,
deshalb brauchen Senioren für den Energiehaushalt leicht verdauliche Proteine und Fett. Leichte,
kurzkettige Proteine sind dann eher angesagt.
Fisch und alle hellen Fleischsorten gehören dazu.
Wenn die Zähne wackelig werden, sollte die Nahrung eine breiige Konsistenz haben, auch Knochen
sind nur noch mit Vorsicht zu genießen. Können
Knochen nicht mehr richtig zerkaut werden, füllen
Sie diese Lücke mit gewolftem Schlund.
Ihrem Senior sollten Sie besondere Gaumenfreuden
gönnen. Reichern Sie das Obstmus mit einem Esslöffel Honig an, pürieren Sie öfter eine enzymreiche
Papaya mit als Verdauungshilfe, und scheuen Sie
sich nicht, gelegentlich einen halben Camembert
als besonderen Leckerbissen zu reichen. Dünn ge-
schnittenes getrocknetes Brot als Hundekuchen-
ersatz darf gelegentlich auch mit Butter, Honig,
Sahne oder Butterschmalz bestrichen sein.

Wo kaufe ich am besten ein?

Um gute Bezugsquellen aufzutun, bedarf es etwas Zeit und Geduld. Da die Rohfütterung aber immer beliebter wird, bildet sich auch hier ein Markt heraus. Im Internet findet man etliche Bezugsquellen, die hauptsächlich Tiefkühlfleisch im Angebot haben. Im Prinzip bekommt man dort alles, von kleinen bis großen Portionen. Praktisch sind Startersets, um auszuprobieren, ob der geliebte Vierbeiner überhaupt für Rohfutter zu begeistern ist.

Fragen kostet nichts!

Auch wenn die Metzgerei vor Ort vielleicht nicht mehr selbst schlachtete, sondern vom Schlachthof mit fertig portionierter Ware beliefert wird, lohnt es sich nachzufragen, ob man Ihnen preiswertes Stichfleisch besorgen kann. Fleischabschnitte, die nicht mehr in die Wurst wandern, sind für den Hund noch etwas überaus Feines. Innereien, die am nächsten Tag aus hygienischen Gründen nicht mehr verkauft werden dürfen, ergeben eine gehaltvolle und schmackhafte Mahlzeit. Kalbsbrustbein, Schulterblatt und Rippen kann man vorbestellen – mit einem Vorlauf von einer Woche ist jeder Metzger gern dazu bereit, solche Stücke zu beschaffen. Mit dem Zusatz: »Bitte in große Stücke hacken, es ist für meinen Hund«, gibt es eventuell noch fleischige Rinderknochen gratis dazu. Als Geschenk lag auf meiner Bestellung auch schon einmal ein Kalbsbein mit Fell und Klaue! Das war ein regelrechtes Festival im Garten!

Hat man eine Lammschlachterei in der Nähe, so ist das eine sichere Quelle für Schlund und grünen Lammpansen. Im Fischgeschäft kann man sich nach Abschnitten wie Kopf und Flossen erkundigen. Haben Sie einen Jäger oder Förster im Bekanntenkreis? Dann können Sie mit etwas Glück übrig gebliebenes Wildfleisch oder Innereien ergattern. Hühnerrücken, -flügel, -schlegel und -hälse gibt es beim Bauern auf dem Wochenmarkt. Fragen Sie nach Sonderangeboten, deren Mindesthaltbarkeits-

Ihre »Einkaufstouren« für den Hund können Sie mit einem gemeinsamen Spaziergang verbinden.

datum erreicht ist. Diese »Schnäppchen« müssen noch portioniert und eingefroren werden. Mit dem Obst und Gemüse ist es ähnlich. Für den Hund sollte es überreif sein, in diesem Zustand ist es im Supermarkt nicht mehr an den Mann zu bringen. Den Enzymen ist es egal, und für den Vierbeiner gibt es preiswerte, gesunde Rohkost. Sie können auch nach Salatabfall fragen, den gibt es umsonst, ebenso wie die zum Kochen meist nie verwendeten Kohlrabiblätter und das Karottengrün.

Verlässliche Futterquellen

Wie und wo Sie die Zutaten für die Ernährung Ihres Hundes einkaufen, ist Ihnen überlassen. Legen Sie Wert darauf zu wissen, woher die einzelnen Futterkomponenten stammen, empfiehlt sich der Gang zur örtlichen Metzgerei, zur Bioabfallkiste des Naturkostladens oder der Besuch des Wochenmarkts. Besonders gegen Verkaufsende wird man Ihnen gern die Überreste umsonst oder zu deutlich reduzierten Preisen überlassen. Nicht jeder hat jedoch die Zeit, sich auf die Jagd nach solchen Schnäppchen zu machen, oft fehlt auch schlicht und einfach der Platz für die Lagerung. Hier bietet es sich an, fertig portioniertes Futter über das Internet oder den Zoofachhandel zu beziehen.

Für was Sie sich letztendlich entscheiden, ist immer von mehreren Faktoren abhängig. Wichtig ist, dass Sie sich dabei wohlfühlen und dass Sie die Futterbeschaffung in Ihren Zeitplan integrieren können.

Mitdenken für den Hund

In einem normalen Haushalt fällt immer etwas für den Hund ab. Waschen Sie Salat, dann werfen Sie die äußeren Blätter nicht in den Bioabfall, sondern in den Mixer. Das Gemüse putzen Sie großzügig, von der Karotte wird oben und unten etwas mehr

abgeschnitten. Zwei Drittel der Banane fürs Kind, eine Ecke für den Hund. Am Apfel ist eine kleine braune Stelle, dieser Schnitz kommt in den Mixer. Sie erkennen das Prinzip? Die guten ins Töpfchen, die weniger guten in die Futterschüssel! Bleiben Speisereste wie Nudeln, Reis, gekochte Kartoffeln und Soße übrig, dann wandern diese zuerst in den

Sauermilchprodukte schmecken lecker, verfeinern den Obst- und Gemüsebrei und sind außerdem ausgezeichnete Kalziumlieferanten.

Kühlschrank. Als Geschmacksverstärker peppen Sie den nächsten Gemüsebrei damit auf. Vorausgesetzt, die Tischreste sind nicht zu scharf gewürzt!

Handwerkszeug und Küchenhygiene

Bevor Sie sich auf den Weg ins Haushaltswarengeschäft machen, schauen Sie erst einmal nach, was Ihr Haushalt alles zu bieten hat. In so mancher Schublade schlummern Schätze, ein Messer beispielsweise, das noch originalverpackt ist, weil es immer als zu groß, zu sperrig oder zu scharf angesehen wurde. Und genau solch ein Messer ist jetzt ideal zum Zerschneiden des Schulterblatts! Überlegen Sie auch, woher Sie Ihr Fleisch beziehen. Bestellen Sie es gewolft und grammweise abgepackt tiefgekühlt über das Internet, brauchen Sie von vornherein kein Hackbeil.

Um schnell und problemlos eine gesunde Mahlzeit für den Hund in den Napf zaubern zu können, sollten folgende Küchenhelfer vorhanden sein:

Küchenwaage Da Sie zu Beginn der Rohfütterung noch unsicher sind, ob der Hund auch wirklich genug bekommt, leistet eine Küchenwaage gute Dienste. Mit der Routine kommt der geschulte Blick für die richtige Menge. Ob Sie dann lieber Löffel- oder Tassenmaß verwenden, liegt bei Ihnen.

Mixer oder Pürierstab Alle Obst- und Gemüsesorten müssen fein püriert werden. Durch diesen mechanischen Prozess werden die harten Zellstrukturen zerstört. Nur so ist die pflanzliche Kost für den Hund verwertbar. Wenn möglich, lassen Sie sich beraten, denn sowohl der Mixer wie auch der Pürierstab müssen leistungsstark sein, um Karotten, Wurzelgemüse, Nüsse und Eierschale zertrümmern zu können.

Achten Sie auf gute Qualität. Messer und Dichtungsringe sollten beispielsweise ersetzbar sein.

Fleischermesser Um Blättermagen und Pansen zerteilen zu können, sollte das Messer scharf sein. Schulterblatt und Schlund lassen sich damit ebenfalls problemlos schneiden.

Hackbeil Will man einmal schnell kleine Knochenstücke entfernen, leistet dieser Küchenhelfer gute Dienste. Nehmen Sie sich vor Knochensplittern in Acht! Geht es nur um das Zertrümmern der Flügel, reicht ein Hammer vollkommen aus.

Im »Familienkühlschrank« lässt sich mit den üblichen Hygienemaßnahmen auch Hundefutter problemlos aufbewahren.

Knochensäge Gewolftes Tiefkühlfleisch lässt sich damit in Scheiben schneiden, wenn man einmal nicht die gesamte Menge auftauen möchte. Gerade bei der Fütterung von Vertretern kleinerer Rassen hat sich das bewährt.

Vakuumiergerät Die Anschaffung eines solchen Gerätes macht durchaus Sinn, besonders wenn Sie sicher sind, dass Sie die nächsten Jahre Ihren Hund mit Rohernährung füttern wollen.

Vakuumierte Portionen nehmen weniger Platz im Tiefkühlschrank ein und lassen sich besser stapeln.

Sauber und hygienisch

Achten Sie stets auf eine hygienische und saubere Küche. Der Umgang mit rohen Lebensmitteln verpflichtet förmlich dazu. Gerade in der warmen Jahreszeit lockt der Geruch zahlreiche ungebetene »Mitesser«, vorzugsweise Fliegen, an. Ein zügiges Portionieren und Einfrieren ist von Vorteil.

> Reinigen Sie Arbeitsgeräte und -platz mit heißem Wasser und Spülmittel. Besondere Desinfektionsmittel sind nicht erforderlich.

> Wenn es hineinpasst, kommt das Schneidebrett mit in die Spülmaschine, ebenso das Messer, wenn es spülmaschinentauglich ist. Ansonsten waschen Sie es heiß mit Spülmittel ab.

> Kindern sollte der Umgang mit frischem Fleisch, Knochen und Fisch nicht gestattet werden, wenn sie die Hygienemaßnahmen noch nicht verstehen.

> Das Tiefkühlfleisch sollte langsam und ohne Verpackung an einem möglichst kühlen Ort auftauen. Falls Ihnen die räumlichen Möglichkeiten für einen zweiten Kühlschrank fehlen, ist auch ein kühler Kellerraum vollkommen ausreichend. Keinesfalls sollten Sie grünen Pansen oder ähnlich geruchsintensives Futter im »Familienkühlschrank« mit den Lebensmitteln auftauen lassen. Der ganze Inhalt riecht dann unangenehm danach. Selbst durch gründliches Putzen bekommt man den Geruch nur schwer los. Bei uns stehen die Auftaubehälter im Keller auf der Tiefkühltruhe. Nach dem Füttern wird gleich die nächste Portion für den darauffolgenden Tag herausgeholt. Das Gefriergut hat somit gute 24 Stunden Zeit, um aufzutauen.

Pflanzliche Nahrung muss mechanisch oder thermisch behandelt werden, damit der Hund sie verwerten kann. Ein Mixer leistet dabei gute Dienste.

Salmonellen und Co.

Wenn Sie sich auf die Rohfütterung einlassen, dann sollten Sie eines wissen: Sie verfüttern Lebensmittel, im wahrsten Sinne des Wortes! Wie wichtig die Anwesenheit lebender Bakterien ist, wird oftmals unterschätzt: Ohne ihre Mitarbeit kann ein gesunder Darm nicht funktionieren. Schon neugeborene Welpen werden durch den Geburtsweg, das Belecken der Mutterhündin und das Säugen mit den »guten« Darmbakterien beimpft.

Ständige Regeneration ist notwendig

Da Bakterien ständig mit dem Kot ausgeschieden werden, muss sich die Darmflora immer neu regenerieren. Die »nützlichen« Untermieter brauchen dafür optimale Vermehrungsbedingungen oder müssen von außen neu »aufgefüllt« werden. Viele

Alle Nahrungsbestandteile lassen sich gut in Behältern portionieren. Beschriftung oder farbliche Kennzeichnung signalisieren »Hundefutter«.

verschiedene Milchsäurebakterien beeinflussen die Darmschleimhaut zugunsten der nützlichen Bakterien, verdrängen Krankheitserreger, hemmen Gärung und Fäulnis, stabilisieren den richtigen Säuregrad und produzieren B-Vitamine. Die gebildeten Schutzeiweiße verdichten die Darm-Blut-Schranke gegenüber Krankheitserregern und Allergenen. *Lactobacillus lacti* und *Enterococcus faecium* beispielsweise fördern die Futterverwertung, *Lactobacillus plantarum* hilft bei der Verdauung pflanzlicher Fasern.

Ein Hund, der mit rohem Fleisch, Knochen, Fisch und Ei gefüttert wird, nimmt mehr Erreger und Parasiten auf als bei hitzebehandelten Futterkomponenten. Ein gesunder Organismus kommt damit aber gut zurecht. Substanzen im Speichel schwächen bereits Staphylokokken und Streptokokken, die bakterielle Hautkrankheiten auslösen können, Colibakterien und bestimmte Viren ab. Durch die regelmäßige Fleisch- und moderate Knochenfütterung ist der Salzsäuregehalt in den Magensäften so konzentriert, dass Eiweiß viel besser zerlegt werden kann als beim Menschen. Bakterieneiweiße werden meist vollständig und zügig abgebaut. Dazu kommt der kurze Darmtrakt, der die Aufenthaltszeit der Nahrung kurz hält und die Möglichkeit verringert, dass sich Keime in der Darmpassage einnisten. Übrigens: Ein Mehr an Band-, Spulwürmern und anderen Schmarotzern im Darm des roh ernährten Hundes ist nicht nachgewiesen, obwohl eine höhere Erregerzahl angenommen werden kann. Die konzentrierte Salzsäure und die flotte Darmpassage machen dies möglich! Zwei Erreger sollen hier dennoch speziell angesprochen werden.

Toxoplasmose

Diese Erkrankung wird durch den Einzeller *Toxo-plasma gondii* ausgelöst. Etwa die Hälfte der Deutschen hat bereits eine Infektion durchgemacht, die meist unbemerkt verlief – Ansteckungsquellen sind ungenügend erhitzte Fleischgerichte oder Rohwurst. Der Körper bildet als Reaktion Antikörper, die ihn für den Rest seines Lebens vor einer neuen Infektion schützen. Der Hund – auch der herkömmlich gefütterte – kann sich, ähnlich wie der Mensch, infizieren. Allerdings scheidet der Hund keine Toxoplasmen aus, damit ist er kein Überträger dieser Krankheit! Anders die Katze: Sie scheidet entwicklungsfähige Abkömmlinge des Erregers aus, die bei Schwangeren Fehlgeburten und Missbildungen auslösen können. Vorbeugend sollten Sie beim Hantieren mit rohem Fleisch auf Hygiene achten!

Keine Angst vor Salmonellen! Die konzentrierte Salzsäure in den Magensäften eines gesunden Hundes tötet die Erreger problemlos ab.

Salmonellen

Diese Bakterien überleben unter geeigneten Bedingungen nicht nur mehrere Monate, sondern können sich auch vermehren. Infektionsquellen sind rohes Fleisch, Kot von Hunden und anderen Tieren, selten infiziertes Wasser. Wie beim Menschen sind gestresste, junge, alte und immungeschwächte Vertreter der Rasse anfällig für diese Infektion. Während der Hund mit einer Anzahl von Salmonellen zurechtkommt, plagt sich der Mensch mit Durchfällen. Möglich ist es, dass sich Mensch und Hund an derselben Quelle – beim Geflügel – anstecken. Seltener steckt sich der Mensch über den Hund an, extrem selten überträgt der Mensch Salmonellen auf den Hund. Küchenhygiene ist deshalb oberste Pflicht! Salmonellen haften auch an nicht gut getrockneten Schweineohren und Ochsenziemer. Achten Sie deshalb auf gute Qualität!

Plagegeister **unschädlich machen**

Schmarotzer, Parasiten und deren Eier werden zum größten Teil durch Einfrieren unschädlich gemacht.

TOXOPLASMEN UND BANDWÜRMER Sie sterben bei -18 °C innerhalb von einer Woche ab.

BANDWURMEIER UND SALMONELLEN Sie bleiben selbst bei -25 °C jahrelang lebensfähig. Erst in der hoch konzentrierten Magensäure des Hundes werden sie abgetötet.

VORSICHTSMASSNAHMEN Verwenden Sie jeweils verschiedenfarbige Auftaubehälter für Hunde- und Menschennahrung. Die ganze Familie muss das verinnerlichen. Auch die Abtrockentücher für die Hundeschüssel sollten eine bestimmte Farbe haben, die den Vierbeinern vorbehalten ist.

Wie stellt man auf Rohfütterung um?

Die Erfahrung zeigt: Von jetzt auf gleich umstellen, damit tun sich die meisten Hundebesitzer schwer. Zum einen sind sie unsicher, ob der Hund überhaupt das neue Futter frisst. Zum anderen stellen sie sich die Frage, ob sie mit der Rohfütterung zurechtkommen und ob der Hund wirklich mit allem versorgt wird, was er braucht.

Nur Mut! Es ist kein Meister vom Himmel gefallen. Ihr Vierbeiner wird Ihre Mühe belohnen und alle Eventualitäten in Kauf nehmen. Obwohl sich Fertig-futter und Rohfütterung aufgrund der unterschiedlich langen Verdauungszeit nicht gut vertragen, lässt sich rohes Futter doch sehr gut »einschleichen«! Was spricht beispielsweise dagegen, die Fertigfuttermahlzeit zu reduzieren und stattdessen als Zwischenmahlzeit einen Hüttenkäse mit ein wenig Obstmus anzubieten? Wird dann nur die Hälfte der Fertigfuttermahlzeit gereicht, so kann man gut leicht gedünstetes Rinderhack, später gewolftes, rohes Fleisch und dann Hühnerhälse oder -rücken

> Knochen sind wichtige Lieferanten von Kalzium und Phosphor. Wenn der Hund an ihnen herum-knabbert, reinigt er sich gleichzeitig die Zähne – ein sinnvolleres Spielzeug gibt es nicht.

in kleinen Mengen anbieten. Prima ausschleichen lässt sich die Abendmahlzeit mit gewolftem Blättermagen oder grünem Pansen.

Probieren geht über studieren!

Dieses Ausprobieren muss nicht in ein paar Tagen vonstatten gehen. Beobachten Sie Ihren Hund! Wie fühlen Sie sich dabei? Lassen Sie sich nicht unter Zeitdruck bringen, auch die Tiefkühltruhe muss nicht mit der kompletten Fleischpalette gefüllt sein. Probieren Sie es mal mit folgenden Sorten:

› Leicht angedünstetes Rinderhack – es könnte vorher Schweinefleisch beim Metzger durchgedreht worden sein – frisst fast jeder Hund gerne, mischen Sie es mit Gemüsebrei. Gewolftes, rohes Rindfleisch wäre die nächste Stufe. Der Vorteil ist: Ihr Hund kann das Gemüse vom Fleisch nicht trennen. Er muss es mitfressen oder ganz verzichten.

› Fisch am Stück ist gewöhnungsbedüftig. Bieten Sie zuerst kleine rohe Stücke an, vielleicht ein bisschen von Ihrer eigenen Portion. Nicht jeder Hund verputzt auf Anhieb eine Schwanzflosse.

› Wildfleisch wird vom Hund mit Respekt behandelt. Wer selber gerne Wildfleisch isst, weiß warum. Es ist etwas herber vom Geschmack und »wildelt«.

› Innereien werden meist gerne gefressen. Herz als perfektes Muskelfleisch ist dabei nicht das Thema. Während sich Leber und Nieren fest anfühlen und »Biss« haben, ist Milz sehr schwammig und bluthaltig. Lunge frisst der Hund wie Kaugummi. Wird eine Komponente akzeptiert, probieren Sie die nächste. Erzwingen Sie nichts! Kam der Hund jahrelang mit einem Fertigfutter zurecht, weshalb sollte er jetzt mit unterschiedlichen Fleischsorten leben? Er muss sich nicht die Pfoten nach Milz abschlecken! Leicht angedünstet lässt sich aber so manches Leckermaul überzeugen.

Auf das **Bauchgefühl hören**

TIPPS VON DER
B.A.R.F.-EXPERTIN
M. Kohtz-Walkemeyer

Gehören Sie zu jenen Menschen, die nur das Beste für Ihren Hund wollen und sich trotzdem nicht trauen, Knochen oder Fisch am Stück zu verfüttern? Macht nichts! Wenn Ihnen Ihr Bauchgefühl rät, es lieber zu lassen, dann ist das für Sie und Ihren Hund richtig. Denn es heißt, wenn man schon den negativen Gedanken im Kopf hat, dann tritt er häufig auch ein!

VERLETZUNGSANGST Fürchten Sie, dass spitze Knochen oder Gräten den Magen- und Darmtrakt verletzen könnten, so verzichten Sie darauf!

ANDERE KALZIUMQUELLEN Auch Knorpel, Schlund, Kehlkopf und komplettes Ei mit Schale enthalten Kalzium. Oder mischen Sie täglich in kleinen Mengen Kalzium als Nahrungsergänzungsmittel ins Futter.

FASTENTAG – JA ODER NEIN? Medizinisch ist er bei Durchfall sicherlich die erste Maßnahme. Haben Sie aber ein ungutes Gefühl dabei, dann lassen Sie ihn weg! Alternativ lässt sich prima ein »fleischloser« Tag planen mit einem Obst-/Gemüsemix und Sauermilchprodukten.

Eine radikale Umstellung

Möchten Sie sofort auf B.A.R.F. umstellen, dann gehören Sie zu den wenigen Mutigen. Lassen Sie Ihren Hund den Tag zuvor fasten. Auf diese Weise hat der Magen- und Darmtrakt eine Chance, sich auf die neuen Futterkomponenten einzustellen. Sinnvoll ist es, die gesamte Futtermenge für den ersten Tag sehr knapp zu berechnen und diese auf vier Mahlzeiten zu verteilen. Bieten Sie leicht Verdauliches an, Fleisch von Huhn oder Pute, gewolft oder in kleinen Stücken, ist geeignet. Als Gemüse liegen Sie mit Karotte immer richtig, dazu als Obstkomponente Apfel und Banane. Die Zusammensetzung erinnert Sie an Babynahrung? Damit liegen Sie gar nicht verkehrt! Wird das alles gut vertragen, bleiben Sie ein paar Tage bei dieser Variation. Das sieht zwar auf den ersten Blick nicht sehr abwechslungsreich und ausgewogen aus, doch Ihr Hund hat die Möglichkeit, sich langsam auf langkettige Proteine, fettreicheres Fleisch, Fisch, Knorpel, weiche Knochen, fleischige Knochen, Grünzeug, Obst, Öl und Sauermilchprodukte einzustellen.

Bitte nicht mischen

Eines sollten Sie auf keinen Fall tun: Mischen Sie nicht in einer Mahlzeit Fertigfutter mit Frischfutter! Hier könnte die unterschiedliche Verdauungszeit Probleme bereiten. Machen Sie es dem Hund nicht unnötig schwer. Lassen Sie dem Darm gute sechs Stunden Zeit für die Fertigfutterpassage, reichen Sie erst dann die Rohfuttermahlzeit.

Die Einführung von Knochen

Die Gewöhnung an Knochen verläuft ähnlich. Sinnvoll ist es, mit einem überdimensionalen Knochen, den der Hund nur benagen kann, zu beginnen. Geben Sie ihm beispielsweise das obere Stück vom Kalbsoberschenkel aufgesägt mit halbem Gelenkskopf. Schon allein das Knochenmark ausschlecken zu dürfen, versetzt den Hund in Freudentaumel. Sie werden eine ganze Weile von Ihrem Vierbeiner nichts hören. Nur gelegentlich wird der Knochen zwischen den Pfoten wieder arrangiert. Hat der Hund genug, nehmen Sie ihm den Knochen ab, bevor er versucht, ihn irgendwo zu verstecken oder zu verbuddeln. Morgen ist auch noch ein Tag! Durch das fettige Knochenmark kann der nächste Kotabsatz breiiger sein. Generell gilt jedoch: Knochen haben eine stopfende Wirkung! Verabreichen Sie sie deshalb gerade anfangs in Maßen oder geben Sie dem Hund zusätzlich abführende Futterkomponenten wie Milchprodukte.

Kommt der Hund mit der Verdauung von Knochen gut zurecht, kann man weiche Knorpel wie Hühnerhälse und Schlund anbieten. Den Rinderschlund bitte halbieren, damit sich die Knorpelspangen

Gebarfte Hunde trinken weniger, denn frisches Fleisch, Obst und Gemüse enthalten viel Wasser.

nicht über Ober- oder Unterkiefer stülpen können. So ein Erlebnis hält manchen Hund und Halter vom weiteren Verzehr der kalziumreichen Futterkomponente ab. Als Nächstes können Sie weiche Knochen wie Kalbsbrustbein und Schulterblatt anbieten. Anhand der Konsistenz der abgesetzten Kothäufchen zeigt sich, inwieweit sich die Magensäure auf die Knochenfütterung eingestellt hat.

Hat der Hund keine Probleme, dann können Sie ab sofort weiche und anschließend auch harte Knochen füttern. Diese Art der Knochenzufütterung erfolgt nicht von einem Tag auf den anderen. Führen Sie sie wochenweise ein.

Knochen für Welpen und Senioren

Beim Senior kann sich ein Zuviel an Knochen sehr schmerzhaft auswirken, da die Verdauung oft nicht mehr so gut funktioniert. Eine hartnäckige Verstopfung kann die Folge sein, die im schlimmsten Fall zum Darmverschluss führen kann.

Beim Welpen bieten Sie generell große Knochen zum Benagen an. Allein das Bearbeiten fordert den kleinen Wicht enorm. Er muss seine Vorderpfoten gezielt zum Festhalten des Knochens einsetzen. Durch diese Problembewältigung werden in der sensiblen Wachstumsphase des Gehirns mehr Verknüpfungen gebildet als bei gleichaltrigen Artgenossen, die nur aus der Futterschüssel »inhalieren«. Zudem wird die Kaumuskulatur gut trainiert. Lassen Sie Ihren Welpen nicht unbeaufsichtigt mit dem Knochen. Ist ein Stück klein geworden, jedoch zu groß zum Abschlucken, oder ist es zu spitz, dann nehmen Sie es an sich. Meist ist der kleine Kerl froh, wenn er sich ausruhen darf. Vergessen Sie nicht, auch beim Welpen muss sich die Magensäure erst auf die Rohfütterung einstellen, um Knochen problemlos verdauen zu können.

Vermischt mit etwas Fleisch oder Quark lassen sich fast alle Hunde von den Vorzügen vegetarischer Kost überzeugen.

Knochen und die Verdauung

KNOCHEN Generell gilt: Knochen haben eine stopfende Wirkung. Das muss allerdings nicht negativ sein, denn ein fester Kotabsatz reinigt die Analdrüsen. Abgemildert wird die Knochenwirkung durch das Knochenmark. Es ist sehr fetthaltig und macht den Kot breiiger als sonst.

PRÜFENDER BLICK Werfen Sie, während Sie Ihrem Hund vermehrt Knochen zufüttern, immer wieder einen kontrollierenden Blick auf die Hinterlassenschaften Ihres Hundes. Sie zeigen Ihnen gleich, ob die Dosierung stimmt. Heller, leicht gräulicher Kot, der wie angefeuchteter Sand oder gar zementartig wirkt, ist ein deutliches Zeichen von zu viel Knochen!

Probleme, die auftreten können

In den meisten Fällen verläuft die Umstellung von Fertigfutter auf Rohfutter absolut problemlos. Zuallererst werden Ihnen die Veränderungen in der Menge des Kots und dessen Konsistenz auffallen: Die Menge verringert sich, da keine unnötigen Ballaststoffe mehr im Futter sind. Die Konsistenz und die Farbe spiegeln ebenfalls den Fütterungsplan wider. Sie sehen förmlich, was bei Ihrer veränderten Fütterungsweise »herauskommt«! Haben Sie in der ersten Zeit einen wachen Blick auf die Hinterlassenschaften Ihres Vierbeiners. Das heißt aber nicht, dass Sie ein lückenloses »Kotprotokoll« erstellen müssen (→ Seite 49)!

Der Körper reagiert …

Sogenannte Entgiftungserscheinungen können auftreten, da der Körper angelagerte Schad- und Schlackstoffe abzubauen beginnt. Der Stoffwechsel kommt in Bewegung, der Darm bekommt andere Verdauungsreize. Die Abschlierfung der Darmzellen ist beispielsweise eine Anpassungsreaktion, die durchaus vorkommen kann. Gelegentlich ist der Kot daher mit Schleimhautfetzen überzogen. Bitte erschrecken Sie nicht darüber! Der Darm reagiert auf das neue Futterangebot, und die Darmschleimhaut erneuert sich, indem die alten, ausgedienten Zellen vermehrt abgestoßen werden.

› Nach vier bis sechs Wochen sollte nichts mehr sichtbar sein. Passiert das allerdings häufiger, wird jedes Mal Schleim mit abgesetzt oder hört es gar nicht auf, sollte der Tierarzt durch eine Kotprobenuntersuchung der Sache auf den Grund gehen.

Probleme mit dem Stuhlgang

Hat der Hund Probleme beim Kotabsatz, sitzt er lang und hockt sich öfters vergeblich hin, dann hat er Verstopfung. Auch der Darm muss lernen, mit den neuen Futterkomponenten umzugehen. Meist ist ein zu hoher Knochenanteil die Ursache.

Durch Grasfressen versucht der Hund, überschüssige Salzsäure im Magen zu puffern.

> Füttern Sie mehr Joghurt, das macht den Kot weich, oder pürieren Sie den Gemüsemix mit einem höheren Ölanteil.

Was tun bei Durchfall?

Durch die Nahrungsanpassung kann es auch zu einer schnelleren Darmpassage der Nahrungskomponenten kommen. Im Dickdarm wird dem restlichen Speisebrei nicht genügend Wasser entzogen. Durchfall ist die mögliche Folge, oft begleitet von heftigen Blähungen.

> Setzen Sie mehr stopfende Komponenten auf den Futterplan; Bananen, Möhren oder Äpfel eignen sich besonders gut. Gekochte oder gebratene Leber erzielen die gleiche Wirkung und sind ein Gaumenschmaus für den Hund. Auch etwas Heilerde unters Futter gemischt kann helfen (→ Seite 32).

> Verschwindet der Durchfall nicht innerhalb von 24 Stunden, ist er extrem dünnflüssig oder sogar mit Blut vermischt, dann scheuen Sie bitte nicht den unverzüglichen Weg zum Tierarzt oder Tierheilpraktiker. Diese Anzeichen haben dann nichts mehr mit Entgiftungserscheinungen zu tun, sondern mit einer eventuellen Erkrankung.

Was tun bei Erbrechen?

Erbrechen kann auch eine Folge der Futterumstellung sein. Abgeschluckte, zu große Knochenstücke werden wieder aus dem Magen herausgewürgt. Wahrscheinlich ist der Salzsäuregehalt in den Magensäften noch nicht hoch genug, die Einführung harter Knochen erfolgte zu schnell.

> Füttern Sie vermehrt Hühnerhälse und Schlund und gelegentlich einen weichen Knochen. Erbricht der Hund Futter, überlegen Sie bitte, ob die Portion zu groß war, ob der Hund zu hastig abgeschluckt hat, oder ob das Futter eventuell zu kalt war.

Bevor Ihr Hund versucht, seinen Knochen zu verstecken, sollten Sie ihn in Verwahrung nehmen. Morgen ist auch noch ein Tag!

> Erbricht der Hund weiß-gelblichen Schleim – dabei handelt es sich um Galle –, dann haben die Magensäfte nichts zu tun. Meist passiert dies in den Morgenstunden. Ihr Hund hat Hunger! Ist das regelmäßig der Fall, dann gönnen Sie Ihrem Hund abends ein »Betthupferl« oder morgens gleich zum Frühstück eine Scheibe getrocknetes Brot.

Ungewöhnliches Fressverhalten

Frisst Ihr Hund übermäßig viel Gras, so ist der Salzsäuregehalt im Magen zu hoch und muss gepuffert werden. Das Fressen von Erde könnte auf einen Mineralstoffmangel hinweisen.

> In beiden Fällen mischen Sie dem Futter über mindestens vier Wochen täglich einen Dosierlöffel Heilerde unter. Daraufhin sollte dieses Fressverhalten des Vierbeiners seltener auftreten, im besten Fall verschwindet es auch ganz.

Hilfe! Mein Hund frisst Kot!

Bei diesem Verhalten handelt es sich um eine genetisch fixierte Verhaltensstrategie. Sie ist individuell mehr oder weniger stark ausgeprägt, und zwar nicht nur bei Streunern, die aus dem Süden oder Osten Europas zu uns gekommen sind.

› Bringen Sie Ihrem Hund bei, dass er die Hinterlassenschaften von anderen Tieren nicht fressen darf. Gerade Pferdeäpfel können noch Rückstände vom Entwurmungsmitteln enthalten, die für den Hund eventuell gesundheitsschädlich sind.

› Meiden Sie beim Spaziergang Schafweiden und seien Sie wachsam im Wald. Hinter jedem Holzstoß kann die »Verlockung« lauern! Kot, egal ob von Vier- oder Zweibeinern, kann Parasiten beinhalten. Eine Ansteckung ist möglich. Über den Schafskot aufgenommene Kokzidien verursachen lang anhaltenden Durchfall, ebenso die Toxoplasmen, die über den Katzenkot verbreitet werden (→ Seite 45).

› Nicht alle Risiken können Sie ausschließen: Der gefürchtete Fuchsbandwurm wird über den Kot des Fuchses übertragen, doch die Eier haften auch an

Grashalmen und können so – im Vorübergehen – auf den Hund gelangen. Sie können nur versuchen, die ersichtlichen Quellen zu vermeiden. Mit den restlichen Plagegeistern kommt ein gesunder Organismus in der Regel gut zurecht.

› Frisst der Hund seinen eigenen Kot, so kann von einem Mangel an Mineralstoffen ausgegangen werden. Der Hund verdaut nicht gut und nimmt den Kot wieder auf, um den Mangel auszugleichen. Füttern Sie in diesem Fall viel Blättermagen, mischen Sie Heilerde unter, und geben Sie kurmäßig vier Wochen lang Spirulina (→ Seite 32/33). Dann sollte sich dieses Problem gegeben haben.

Mein Hund hat Würmer!

Fakt ist, dass jeder Hund Würmer hat, auch wenn sie für den Menschen nicht sichtbar sind. Die Larven der Spulwürmer zum Beispiel wandern, ohne Schaden anzurichten, durch den gesamten Körper – erst im Übermaß sind sie lästig!

› Ein leichter Befall kann sich durch Juckreiz im Analbereich andeuten. Der Hund schleckt sich dort häufig, setzt sich auf sein Hinterteil, streckt die Hinterbeine in die Luft und zieht mit den Vorderbeinen den Po über den Boden. In Hundekreisen ist dies als »Schlittenfahren« bekannt.

› Durchfall, deutlich hörbare Darmgeräusche und gesteigerter Appetit können Anzeichen für eine stärkere Verwurmung sein.

Besteht der Verdacht, dass Ihr Hund Würmer hat, so können Sie ihn, wie von vielen Tierärzten empfohlen, in festen Zeitabständen entwurmen oder aber anhand einer Kotprobe feststellen lassen, ob der

Durch einen Fastentag kann sich der Magen-Darmtrakt auf die neuen Futterkomponenten einstellen.

Hund von Würmern befallen ist. Bestätigt sich Ihre Vermutung, so gibt es verschiedene Möglichkeiten:
› Bei der chemischen Wurmkur werden die Endoparasiten abgetötet ausgeschieden. Diese chemische Keule macht der Darmflora allerdings schwer zu schaffen. Danach hilft eine Kur mit Chlorella, alle Giftstoffe auszuschleichen (→ Seite 33).
› Bei einer naturheilkundlichen Wurmkur werden die Schmarotzer lebend ausgeschieden. Diese Methode ist schonender für den Darm, allerdings ist die Möglichkeit der Wiederansteckung sehr hoch, denn die Würmer können ja bei jedem Spaziergang erneut aufgenommen werden.
Vorbeugend können Sie – mit der Unterstützung eines Tierheilpraktikers – durch Fenchel, Propolis und Kokosflocken das Darmmilieu so beeinflussen, dass Endoparasiten sich nicht wohlfühlen.

Probleme mit der Haut

Durch die Futterumstellung kann es zeitweise zu Irritationen der Haut kommen. Vermehrter Juckreiz oder Schuppenbildung sind möglich. Der Organismus reinigt sich von innen nach außen, die Schadstoffe werden über die Haut abgegeben. Solange der Hund sich nur etwas kratzt, halten Sie durch. Das Problem wird sich von allein lösen.

Knochen verschluckt!

Die Gefahr, dass spitze Knochenstücke irgendwo im Verdauungstrakt stecken bleiben können, sollte erwähnt werden. Der Hund wird versuchen, den Übeltäter loszuwerden. Durchstrecken, Unruhe, Gähnen und Einspeicheln zeigen Schmerzen an.
› Bringt Erbrechen keine Erleichterung, lassen Sie den Zustand bitte beim Tierarzt abklären. Wenn Sie die Knochenfütterung wie beschrieben eingeführt haben, sollten allerdings keine Probleme auftreten.

Therapeutische **Hilfsmittel**

PROBLEM	DAS KÖNNTE HELFEN
VERSTOPFUNG	Milch, Joghurt, Sauermilch, Dickmilch, rohe Leber, Milz, Hirn, mehr Fette, Öle und Ballaststoffe, überbrühte Weizenkleie, gekochter Leinsamenschrot, gequollene Algen. Viel Bewegung und Flüssigkeit.
DURCHFALL	Möhren, Äpfel, gebratene oder gekochte Leber, gesalzener Reisschleim, Knochen, Bananen, Quark, Brombeerblätter, Kamille, Fenchel, Heilerde, viel Flüssigkeit
UNWOHLSEIN	Ausgleichende Verdauungshilfen sind Heilerde, Haferschleim, Papaya, Minze, ganze Kamillenblüten, frischer Fenchel, Salbei, zimmerwarmer Joghurt, grüner Blättermagen, grüner Panseninhalt, frischer Labmagen, Bierhefe, Löwenzahn, Apfel, biologische Darmbakterienpräparate.
MAGERER HUND	Haferschleim, Kartoffelpüree, fettes Fleisch, grüner Pansen, grüner Blättermagen, gekochte Nudeln und Kartoffeln, getrocknetes Brot, Bierhefe, Fischöl, Fisch. Fütterung mehrmals über den ganzen Tag verteilt.
DICKER HUND	Getreidekomponenten weglassen, Gemüseanteil erhöhen, wenig Weichfleisch, mageres Muskelfleisch, Milz, Lunge

Barfen bei Krankheiten

Gerade bei Krankheiten hat sich die Rohfütterung bewährt. Der Darm ist eben weit mehr als ein Verdauungsorgan, er nimmt Einfluss auf das Immunsystem und die allgemeine Gesundheit des Hundes! Mit B.A.R.F. können Sie jederzeit die Zusammenstellung der Futterkomponenten auf das Krankheitsbild abstimmen.

Bei den nachfolgenden Krankheiten ist immer eine sichere Diagnose durch einen Tierheilpraktiker oder Tierarzt notwendig!

Allergien

Als Allergie bezeichnet man eine Überreaktion des Immunsystems auf Umweltstoffe, die normalerweise bei einem gesunden Organismus keine Reaktion hervorrufen. Die Reaktionen können von einem einfachen Juckreiz bis hin zum anaphylaktischen Schock reichen. Ausgelöst werden sie von den sogenannten Allergenen. Die Ursachen sind vielfältig: genetische Disposition, übermäßige Entwurmung und Hygiene, Umweltverschmutzung,

Ein kranker Hund hat besondere Ansprüche an die Ernährung. Bei der Rohfütterung können Sie sofort reagieren und die Futterkomponenten dementsprechend auswählen.

Immunschwäche, Impfschaden, falsche Ernährung, gestörte Darmflora sowie unnatürliche Haltung können zur Entstehung einer Allergie führen. Dabei reagiert das Immunsystem überempfindlich auf eigentlich harmlose Stoffe aus der Umwelt und wehrt sich mit Abwehrmechanismen gegen den vermeintlichen »Angreifer«.

Lösungsansatz Die beste und schnellste Möglichkeit, eine allergische Reaktion zu mildern, ist die Darmgesundheit zu fördern und damit das Immunsystem zu stützen. Eine Umstellung auf frische, unbelastete Nahrungsmittel ist der erste Schritt zur Besserung. Fischöle verbessern die Hautflora und wirken entzündungshemmend. Enzyme können zusätzlich Abhilfe schaffen.

Problem Bauchspeicheldrüse

Eine häufig auftretende Bauchspeicheldrüsenerkrankung beim Hund ist die Pankreasinsuffizienz. Die Bauchspeicheldrüse ist überfordert. Sie produziert nicht genug Enzyme, um Proteine, Fette und Kohlenhydrate aus dem Nahrungsbrei abzuspalten. Stärke wird im Dünndarm durch Amylase in Zuckermoleküle gespalten und aufgenommen. Die Bauchspeicheldrüse hat jedoch nur eine begrenzte Kapazität für die Bildung dieses Enzyms. Die unverdaute Stärke wird im Dickdarm von Bakterien abgebaut. Die Darmflora verschiebt sich.

Unerwünschte Stoffwechselprodukte verursachen Durchfall, Blähungen, Untergewicht, Futtermittelunverträglichkeit, Unruhe und schlechtes Haarkleid.

Lösungsansatz Neben einer getreidefreien Ernährung mit hochwertigem Eiweiß und leicht verdaulichen Fetten plus Enzympräparaten sollte eine Darmsanierung in Absprache mit Tierarzt oder Tierheilpraktiker folgen. Der Darm ist bei einer Bauchspeicheldrüsenerkrankung meist mit betroffen.

Futtermittelunverträglichkeit

Dabei handelt es sich um eine Intoleranz auf eine bestimmte Komponente in der Nahrung, die eine negative Reaktion auslöst. Im Gegensatz zur Allergie erfolgt bei der Unverträglichkeit keine Reaktion über das Immunsystem. Es werden keine Antikörper gebildet. Aus unbekannten Gründen kann die Komponente nicht verwertet werden. Futtermittelunverträglichkeiten sind durch einen Allergietest nicht erkennbar. Um zu ermitteln, welche Komponente der Hund nicht verträgt, ist eine Ausschlussdiät nötig, bei der immer ganz bestimmte Nahrungsbestandteile weggelassen werden. Die bekanntesten Auslöser sind glutenhaltige Getreidesorten, Soja, Eier, Rind, Huhn und Lamm.

Lösungsansatz Omega-3-Fischöle, gutes Nachtkerzen- und Borretschöl sowie Enzyme verschaffen meist eine baldige Linderung.

Um mögliche Allergien und Futtermittelunverträglichkeiten austesten zu können, hat sich die Bio-Resonanz-Analyse sehr bewährt. Hierbei handelt es sich um eine schmerz- und nebenwirkungsfreie Schwingungstherapie, welche die Selbstheilungskräfte des Körpers anregt.

Ernährungsbedingtes **Fehlverhalten**

Verhaltensauffälligkeiten können sich unter anderem durch Hyperaktivität, Aggressivität, mangelhafte Aufmerksamkeit und verminderte Lernfähigkeit Ihres Hundes bemerkbar machen.

HINTERGRUND Durch ein Zuviel an Pilzen und Bakterien im Darm kann es zu einer alkoholähnlichen Wirkung im Gehirnstoffwechsel kommen.

Schilddrüsen-Probleme

Extrem selten ist beim Hund eine Schilddrüsen-überfunktion. Meistens ist ein Tumor der Auslöser. Die Überfunktion äußert sich in Unruhe, gesteigertem oder verringertem Appetit, chronischen Durchfällen, vermehrtem Durst und Gewichtsverlust bei normaler Futteraufnahme. Bei einer immunbedingten Unterfunktion sind die Zellen der Schilddrüse zerstört. Ein Mangel an Schilddrüsenhormonen ist die Folge. Bei einer Unterfunktion ist der Hund phlegmatisch und wird dick. Hautinfektionen und Haarausfall können Begleiterscheinungen sein.

Lösungsansatz Brokkoli und Kohl unterdrücken die Hormonproduktion und sollten bei einer Unterfunktion nicht auf dem Speiseplan stehen. Die fehlenden Hormone müssen per Tablette zugeführt werden. Die medikamentöse Einstellung und Überwachung macht der Tierarzt. Sinnvolle Ergänzungsmittel sind Meeresalgen, Mariendistel, Süßholz und Ingwer.

Leber-Probleme

Die Leber ist das Hauptentgiftungsorgan und sollte bei einer Krankheit immer entlastet bzw. weniger belastet werden. In der akuten Phase sollte der Hund, wenn möglich, fasten oder relativ flüssig ernährt werden. Bei einer chronischen Erkrankung kann die Leberfunktion durch Diät und Nahrungsergänzung gut unterstützt werden. Beim hochbetagten Senior bietet sich eine solche Leberdiät kurweise an, denn auch das Organ ist in die Jahre gekommen und arbeitet nicht mehr so zuverlässig. Symptome einer Lebererkrankung sind Übelkeit, Erbrechen, Appetitverlust, helle, gelbe Stuhlgänge und Gelbsucht. Auslöser können eine Vergiftung oder eine Virusinfektion sein. Die Blutwerte sollten regelmäßig kontrolliert werden.

Lösungsansatz Bieten Sie wenig dunkles Fleisch an, füttern Sie vermehrt Fisch, Joghurt oder Hüttenkäse. Rohes Eigelb sorgt für Zink, die Eierschale deckt den Kalziumbedarf, Kohlenhydrate dürfen reichlich gefüttert werden. Gut verträglich sind Rote Bete, Spinat, Brokkoli, Sellerie, gekochte Kartoffeln und Blattgemüse. Verdauungsenzyme können in Form von Papaya gegeben werden.

Zusätze in herkömmlichem Futter führen bei vielen Hunden zu Futtermittelunverträglichkeiten oder Allergien. B.A.R.F. könnte eine Alternative sein.

So isst der Hund gesund

Oft sind Hunde körperlich und geistig nicht ausgeglichen oder fühlen sich unwohl, weil bei ihrer Fütterung etwas schiefgelaufen ist. Ernähren Sie Ihren Hund ausgewogen, damit er lange Jahre gesund und fit bleibt.

Tut gut

Besser nicht

+ Vitamin C, das in Obst und Gemüse enthalten ist, stärkt das Immunsystem. Geben Sie Ihrem Hund reichlich. Ein Überschuss wird ausgeschieden.

+ Mit einem Löffel Heilerde, gelegentlich über das Futter gegeben, versorgen Sie den Hund mit allen für ihn wichtigen Mineralstoffen.

+ Mit Spirulina kommt jeder Hund nach einer Erkrankung wieder schneller auf die Beine. Die Dosierung ist von Alter und Gewicht abhängig.

+ Nach einer Wurm kur oder nach einer Impfung tun Sie dem Hund mit Chlorella etwas Gutes. Die Süßwasser-Grünalge hat eine stark entgiftende Wirkung.

− Fertigfutter und Rohfütterung sollten Sie nie in einer Mahlzeit mischen. Die unterschiedlichen Verdauungszeiten machen dem Hund sehr zu schaffen.

− Senioren und Junghunde im Zahnwechsel tun sich mit harten Knochen schwer. Reichen Sie ihnen lieber Knorpel oder weiche Kalbsknochen.

− Die langen Röhrenknochen der Pute sollten Sie niemals an Ihren Hund verfüttern. Sie können schwere Verletzungen im Darm verursachen.

− Nachtschattengewächse wie Tomaten und Paprika sind für den Hund giftig. Sie sollten diese Gemüse ebenso wenig füttern wie blähende Hülsenfrüchte.

Was tun auf Reisen?

Auch mit dem roh ernährten Hund kann man auf Reisen gehen. Es bedarf ein wenig Organisation, und eine Kühltasche gehört mit zur Ausstattung.

Unterwegs mit Reiseproviant

Frischfleisch und Fleischknochen halten sich gekühlt in Kühlbox und Kühlschrank mindestens drei Tage, ebenso das fertig pürierte und portionierte Gemüse. Tiefgefroren eingepackt, hält es noch länger. Eine Woche lässt sich mit einem Vierbeiner gut planen. Fleisch ist länger haltbar, wenn es vakuumverpackt ist, auch ohne Kühlung. Angelaufenes rohes Fleisch ist für den Hund gut bekömmlich. Es ist ja nicht verdorben, lediglich die Proteinzusammensetzung hat sich verändert! Bei einem längeren Urlaub sollte man sich informieren, welche Kühleinheit vorhanden und wie groß diese ist. Wohnen Sie in einem Hotel, klären Sie vorher ab, ob Sie für Ihren Hund Fleisch und Knochen tiefgefroren lagern können. Eine Steckdose für den Pürierstab oder Mixer gibt es fast überall.

Versorgung vor Ort

Obst und Gemüse kann man überall kaufen, auch Fleisch wie Rindergulasch, Herz oder Beinscheibe. Hühnerrücken, -flügel und -schlegel gibt es im Supermarkt. Einige Anbieter von Tiefkühlfleisch liefern auch an die Urlaubsadresse. Fragen Sie nach! Da immer mehr Hunde mit frischen Zutaten ernährt werden, findet man inzwischen auch in Urlaubsgebieten Futterläden oder Zoofachgeschäfte, die Tiefkühlfleisch anbieten. Gemüsemischungen gibt es inzwischen getrocknet, vor dem Pürieren lässt man sie einige Minuten in Wasser mit Öl einweichen.

Alternatives Futter

Bei Bedarf können Sie auf Fleisch in Dosen ausweichen. Testen Sie deren Bekömmlichkeit zu Hause aus. Es kann zu Blähungen und Bauchgrimmen kommen! Sollten Sie Urlaub weitab der Zivilisation machen, dann wird frisch gefüttert, bis die Vorräte aus der Kühltasche aufgebraucht sind.
Wollen Sie morgens getrocknetes Gemüse füttern, dann weichen Sie dieses gut in Wasser ein und verfeinern es mit Sauermilchprodukten. Als zweite Mahlzeit gibt es gegen Abend eine knapp bemessene Menge Trockenfutter. Reichen Sie es mit viel Wasser, denn gebarfte Hunde sind es nicht gewöhnt, viel zu trinken, weil ihre übliche Nahrung viel Feuchtigkeit enthält. Sie müssen zum Trinken

Auch im Urlaub oder in der Hundepension muss der Hund auf B.A.R.F. nicht verzichten. Es ist lediglich etwas Organisation notwendig!

Lebensfreude pur durch gesundes, artgerechtes, rohes Futter. Gesund an Körper und Geist dank eines stabilen Immunsystems ist ein gebarfter Hund im Allgemeinen fröhlicher, geselliger, aufmerksamer und ausgeglichener als ein mit Fertigfutter ernährter Vierbeiner.

regelrecht animiert werden. Für kleine Hunde stellen Babygläschen eine Alternative dar. Sie können einen Tag der Urlaubswoche voll vegetarisch gestalten, wenn die Zutaten vorhanden sind, oder an einem anderen Tag nur die Hälfte füttern. Durch das Trockenfutter ändern sich die Verdauungszeiten. Ihr Hund muss mehr Kot absetzen und hat möglicherweise Blähungen! Wieder zu Hause füttern Sie zwei Wochen recht viel Pansen und Blättermagen. Das räumt den Darmtrakt wieder auf!

In der Hundepension

Wollen Sie Ihren Vierbeiner während Ihres Urlaubs in einer Hundepension oder bei Freunden unterbringen, besprechen Sie vorab Ihre Fütterungsmethode. Wenn Sie die Mahlzeiten fix und fertig tiefgefroren portioniert mitbringen, frische Knochen und Knabbereien dazulegen, sollte einer optimalen Versorgung nichts im Wege stehen. Eine übersichtlich aufgelistete Futtertabelle leistet den »Hundesittern« gute Dienste bei der Verpflegung.

Die Inhalte dieses Buches beziehen sich auf die Bestimmungen des deutschen Tier- bzw. Artenschutzes. In anderen Ländern können die Angaben abweichend sein. Erkundigen Sie sich daher im Zweifelsfall bei Ihrem Zoofachhändler oder bei der entsprechenden Behörde.

Verbände/Vereine

› Fédération Cynologique Internationale (FCI), Place Albert 1er, 13, B-6530 Thuin. www. fci.be
› Verband für das Deutsche Hundewesen e. V. (VDH), Westfalendamm 174, 44141 Dortmund, www.vdh.de
› Deutscher Tierschutzbund e. V., Baumschulallee 15, 53115 Bonn, www.tierschutzbund.de

---

Wichtiger **Hinweis**

› Alle Ratschläge und Empfehlungen in diesem Buch wurden sorgfältig recherchiert und in der Praxis erprobt. Dennoch können nur Sie selbst entscheiden, ob und inwieweit Sie diese Vorschläge mit Ihrem Hund umsetzen können und möchten. Lassen Sie sich in allen Zweifelsfällen zuvor durch einen Tierheilpraktiker oder Tierarzt beraten.

› Weder Autorin noch Verlag können für eventuelle Schäden, die aus den im Buch gegebenen praktischen Hinweisen resultieren, eine Haftung übernehmen.

Fragen zur Haltung

beantworten Ihr Zoofachhändler und der Zentralverband Zoologischer Fachbetriebe Deutschlands e. V. (ZZF), Tel.: 0611/447553 32 (nur telefonische Auskunft möglich: Mo 12–16 Uhr, Do 8–12 Uhr), www.zzf.de

Tierärzte

Über ein Online-Verzeichnis finden Sie Tierärzte in Ihrer Nähe:
› BPT-Bundesverband praktizierender Tierärzte e. V., www.smile-tierliebe.de
Hier erhalten Sie Adressen von Tierarztpraxen, die mit Naturheilverfahren arbeiten:
› Gesellschaft für ganzheitliche Tiermedizin E. V. (GGTM), www.ggtm.de
› Kooperation deutscher Tierheilpraktiker-Verbände e. V., www.kooperation-thp.de

Adressen im Internet

› www.barfers.de
Private Webseite rund um die artgerechte Ernährung mit B.A.R.F. und Naturheilpraktik.
› www.rohfutterlieferanten.de
Datenbank von Fleischlieferanten auf B.A.R.F.-Basis.
› www.canis-kynos.de
Das Zentrum für Kynologie liefert Informationen rund um die tiergerechte Hundehaltung.
› www.ernaehrung.vetmed.uni-muenchen.de/service/index.html
Kostenpflichtige Ernährungsberatung für Hunde.
› www.futtermedicus.de
Tierärztliche Fütterungsberatung zur Hundeernährung.

› www.gzsdw.de
Die Gesellschaft zum Schutz der Wölfe trägt zum besseren Verständnis von Wolf und Hund bei.

Bücher, die weiterhelfen

› Biber, V.: Allergien beim Hund. Natürlich behandeln und vorbeugen. Auslöser erkennen. Franckh-Kosmos Verlag, Stuttgart.
› Biber, V.: Futterprobleme bei Hunden. Vorbeugen und natürlich behandeln. Animal Learn Verlag, Bernau .
› Biber, V.: Hilfe, mein Hund ist unerziehbar! Verhaltensänderung durch Futterumstellung. Verlag Hartmut Becker, Kirchhain.
› Bloch, G.: Die Pizza-Hunde: Freilandstudien an verwilderten Haushunden. Verhaltensvergleich mit Wölfen. Tipps für Hundehalter. Franckh-Kosmos Verlag, Stuttgart
› Bloch, G.: Auge in Auge mit dem Wolf. 20 Jahre unterwegs mit frei lebenden Wölfen. Franckh-Kosmos Verlag, Stuttgart
› Fischer, E.: Homöopathie für Hunde. Gräfe und Unzer Verlag, München
› Kübler, H.: Quickfinder Hundekrankheiten. Gräfe und Unzer Verlag, München

Dank

Die Autorin möchte sich – auch im Namen ihrer Hunde – bei all ihren Futtermittellieferanten bedanken. Die Autorin möchte außerdem an den 2003 verstorbenen Dr. Erik Zimen erinnern, der sie in zahlreichen Diskussionen und Gesprächen auf ihren Weg gebracht hat.

Die werden Sie auch lieben.

Leinentraining

GU TIERRATGEBER

ISBN 978-3-8338-2303-9

Labrador Retriever

GU TIERRATGEBER

ISBN 978-3-8338-1877-6

Kleine Hunde

GU TIERRATGEBER

ISBN 978-3-8338-1605-5

Ein Hund für die ganze Familie

GU TIERRATGEBER

ISBN 978-3-8338-2406-7

Mit dem Hund spielen und trainieren

GU TIERRATGEBER

ISBN 978-3-7742-8837-9

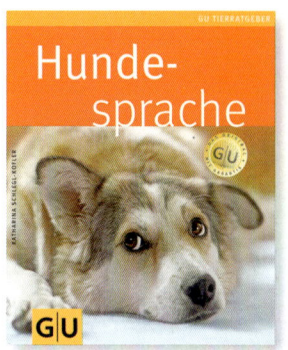

Hundesprache

GU TIERRATGEBER

ISBN 978-3-8338-1195-1

www.gu.de: Blättern Sie in unseren Büchern, entdecken Sie wertvolle Hintergrundinformationen sowie unsere Neuerscheinungen.

Willkommen im Leben.

Unsere Garantie

Alle Informationen in diesem Ratgeber sind sorgfältig und gewissenhaft geprüft. Sollte dennoch einmal ein Fehler enthalten sein, schicken Sie uns das Buch mit dem entsprechenden Hinweis an unseren Leserservice zurück. Wir tauschen Ihnen den GU-Ratgeber gegen einen anderen zum gleichen oder ähnlichen Thema um.

Liebe Leserin und lieber Leser,

wir freuen uns, dass Sie sich für ein GU-Buch entschieden haben. Mit Ihrem Kauf setzen Sie auf die Qualität, Kompetenz und Aktualität unserer Ratgeber. Dafür sagen wir Danke! Wir wollen als führender Ratgeberverlag noch besser werden. Daher ist uns Ihre Meinung wichtig. Bitte senden Sie uns Ihre Anregungen, Ihre Kritik oder Ihr Lob zu unseren Büchern. Haben Sie Fragen oder benötigen Sie weiteren Rat zum Thema? Wir freuen uns auf Ihre Nachricht!

Wir sind für Sie da!
Montag – Donnerstag: 8.00 – 18.00 Uhr; Freitag: 8.00 – 16.00 Uhr *(0,14 €/Min. aus dem dt. Festnetz/ Mobilfunkpreise
Tel.: 0180 - 5 00 50 54*
Fax: 0180 - 5 01 20 54* maximal 0,42 €/Min.)
E-Mail: leserservice@graefe-und-unzer.de

P.S.: Wollen Sie noch mehr Aktuelles von GU wissen, dann abonnieren Sie doch unseren kostenlosen GU-Online-Newsletter und/oder unsere kostenlosen Kundenmagazine.

GRÄFE UND UNZER VERLAG
Leserservice
Postfach 86 03 13
81630 München

© 2011
GRÄFE UND UNZER VERLAG GmbH, München
Alle Rechte vorbehalten. Nachdruck, auch auszugsweise, sowie Verbreitung durch Film, Funk, Fernsehen und Internet, durch fotomechanische Wiedergabe, Tonträger und Datenverarbeitungssysteme jeglicher Art nur mit schriftlicher Genehmigung des Verlages.

Projektleitung: Alexandra Stronski
Lektorat: Christa Klus-Neufanger
Bildredaktion: Daniela Jelinek
Umschlaggestaltung und Layout: independent Medien-Design, Horst Moser, München
Herstellung: Claudia Labahn
Satz: Uhl + Massopust, Aalen
Reproduktion: Longo AG, Bozen
Druck: Firmengruppe APPL, aprinta druck, Wemding
Bindung: Firmengruppe APPL, sellier druck, Freising

Printed in Germany

ISBN 978-3-8338-2206-3

4. Auflage 2012

Umwelthinweis

Dieses Buch ist auf PEFC-zertifiziertem Papier aus nachhaltiger Waldwirtschaft gedruckt.

 www.facebook.com/gu.verlag

Ein Unternehmen der
GANSKE VERLAGSGRUPPE

Die Autorin

Marianne Kohtz-Walkemeyer ist geprüfte Tierheilpraktikerin mit eigener mobiler Praxis. Sie züchtet seit 1999 Nova Scotia Duck Tolling Retriever. Die Welpen werden von Beginn an gebarft. Ihr Wissen und ihre Erfahrung mit dieser Art der Fütterung gibt sie in Seminaren weiter.

Die Fotografin

Kathrin Fischer arbeitet als selbstständige Fotografin. Sie fotografiert für Verlage, Firmen und Privatkunden. www.tierfotografie-fischer.de. Alle Fotos in diesem Buch sind von Kathrin Fischer mit Ausnahme von: **Corbis:** 3; **Blickwinkel:** 8; **M. Brauner:** 19, 21, 22, 24, 38 (3), 39 (4), 44, U8-2; **D. Geithner:** U3-2, 59; **O. Giel:** U3-1, U4-1, 10/11, 10-1, 10-3, 11-1, 11-2, 25, 37-2, 50, 54, 57, U7-1; **Juniors/Bios:** U7-3; **S. Krause-Wieczorek:** 7; **Tierfotoagentur:** 6, 48, U5, U7-2; **Zoonar:** 4, 33.

Syndication:
www.jalag-syndication.de